湖北省教育厅人文社会科学研究项目（16G219）：城市公共厕所的优化设计与研究，课题资助
湖北省教育厅科学研究计划项目（B2018374）：基于人文关怀下的第三卫生间设计研究，课题资助
湖北省教育厅人文社会科学研究项目（18G134）：基于"海绵城市"构建的公共厕所生态设计研究，课题资助

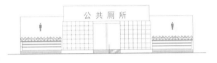

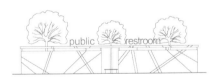

城市公共厕所
的优化设计

刘波 著

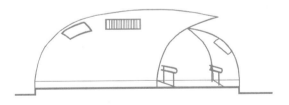

中国建筑工业出版社

图书在版编目（CIP）数据

城市公共厕所的优化设计／刘波著 . —北京：中国建筑工业
出版社，2019.5

ISBN 978-7-112-23501-8

Ⅰ.①城… Ⅱ.①刘… Ⅲ.①城市公用设施－公共厕所－建筑设
计－最优设计 Ⅳ.①TU998.9

中国版本图书馆CIP数据核字（2019）第049908号

责任编辑：唐　旭　李成成
版式设计：锋尚设计
责任校对：赵　颖

城市公共厕所的优化设计

刘波　著

*

中国建筑工业出版社出版、发行（北京海淀三里河路9号）

各地新华书店、建筑书店经销

北京锋尚制版有限公司制版

北京缤索印刷有限公司印刷

*

开本：889×1194毫米　1/20　印张：9　字数：295千字

2019年6月第一版　2019年6月第一次印刷

定价：**60.00元**（赠增值服务）

ISBN 978 – 7 – 112 – 23501 – 8

（33714）

　　城市公共厕所是方便居民和游客生活、满足人们生理功能需要的必备设施，是展现文明的窗口。本书撰写的初衷就是从环境设计学的角度，探索公共厕所的优化设计方法，以推进全社会对公共环境卫生的重视，同时也能提升每一位使用者的个人修养。曾有位旅居澳大利亚30多年的老华侨每次谈到祖国时，内心是时刻思念的，但老人家却不愿意回国看看，原因竟然是他年纪大了腿脚不便，遇到身体不适时，去公共厕所"方便"怕遇到难堪场景。今天人们的生活正发生着日新月异的变化，每座城市的建设、发展速度惊人，但公共厕所的问题一直没有得到有效解决。每年"五一"、"十一"、春节等节假日，在公园、商场、地铁站、火车站等人流密集区域，就能看到女性在公共厕所外排长队的情况，然道是女性上厕所就要排队？前几日又看到一则新闻报道，一个3岁的男童因母亲要上公共厕所，被迫在女卫生间外等候，这时被坏人盯上，坏人想拐跑男童，幸好被热心市民及时发现，制止了坏人的行动。为什么当前的公共厕所就不能设立一个家庭厕所小单间？公共厕所的问题远不止以上这些，针对这些如厕痛点，近些年笔者进行了大量相关研究，积攒了一些城市公共厕所的优化设计成果，逐步形成本书的写作基础。

　　目前，国内关于城市公共厕所设计的书籍并不多见，前期主要有：《公共厕所设计导则》（2008年），《国家建筑标准设计图集·城市独立式公共厕所》（2008年），《世界厕所设计大赛获奖方案图集》（2011年），《旅游规划与设计·旅游厕所》（2015年），《城市公共厕所设计标准CJJ14–2016》等。本书内容以前辈成果为基础，并从环境设计学的角度，探讨近10年国内外公共厕所的设计成果，进一步去弥补我国公共厕所的设计不足，为人们今后能有舒适的如厕环境、高品质的如厕服务提供有效帮助。

　　本书主要分11个章节，以城市公共厕所的优化设计为主轴，依次阐述了公共厕所的现状分析、建筑设计、视觉标识设计、内部环境设计、卫生洁具设计、基于人文关怀的第三卫生间设计、基于"海绵城市"构建的公共厕所生态设计、基于用户调研的移动厕所设计、韩国城市公共厕所的设计及其启示、日本城市公共厕所的设计及其启示、美国城市公共厕所的设计及其启示等内容。通过由外到内、由建筑到洁具、由人性化到生态性、由国内到国外的多角度、系统性分析，并配合大量的设计案例图片，将城市公共厕所的各项细节设计、创意设计展现给大家，方便读者参考借鉴。

　　从2011年参加在海南省举办的世界厕所设计大赛，带领学生一起设计的"蛋壳"旅游厕所获得表扬奖开始起，笔者便对公共厕所设计产生了浓厚兴趣。2014年带领学生一起设计的"无障碍系列卫生洁具"获"东鹏杯"卫浴原创设计大赛优秀奖，2014年笔者制作的"城市公共厕所的优化设计"课件获第14届全国多媒体课件大赛二等奖，2017年笔者设计的"生态移动厕所设计方案"获湖北省第7届高校美术与设计大赛铜奖，2018年带领学生一起设计的"绿巢厕所设计方案"获湖北省第三届学院空间青年美展铜奖。同时利用2015年赴美国高校学习进修间隙，先后走访了美国东西海岸多个城市的公共厕所，学习到众多先进的设计经验。本书的研究成果主要来源于笔者近些年先后主持的3个科研项目，项目虽不大，但都是对城市公共厕所进行的相关设计研究。本书的理论基础主要来源于笔者撰写的6篇论文：《城市公共厕所的生态设计研究》（2014年），《城市公共厕所的优化设计案例分析与研究》（2014年），《美国城市公共厕所的设计及其启示》（2017年），《基于人文关怀的第三卫生间设计研究》（2018年），《第三卫生间的卫生设施设计探究》（2019年），《Analysis and Research on Design Sample of Urban Mobile Toilet（2019年）》等。

　　本书的理论价值在于探索城市公共厕所的优化设计模式，这也是为了顺应时代发展，解决人们更人性化、细致化、多样化的如厕需求，进一步优化城市卫生系统建设，提高公共卫生服务意识。本书的实用价值在于随着城市公共厕所的不断优化，能够彰显人文关怀的真谛，让生活在新时代的特殊人群真正体会到如厕带来的快乐，同时也有助于文明城市的创建，提升城市形象，使公共厕所最终成为人们乐意去的理想之处，成为城市一道靓丽的风景。

　　开展城市公共厕所的优化设计，补齐我国厕所建设短板，应从人民大众的实际需求出发，尽量做到与周围环境和谐，力求数量与质量并重、实用与美观统一，坚决杜绝形式主义和奢华之风。由于作者的视野和水平有限，书中内容难免有疏漏不妥之处，望各位读者批评指正，笔者定会积极回应。

目　录

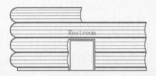

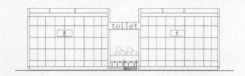

第 1 章

现状分析

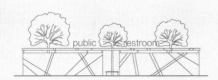

"小厕所、大民生"。城市公共厕所是现代都市人使用十分频繁的公共设施，也是衡量一座城市的现代化、市民素质的窗口，所以一直是社会关注的热点问题。下面通过实地调研国内外公共厕所的使用现状，并对其进行分析比较，从而为今后的设计奠定基础。

1.1 国内现状分析

1.1.1 社会发展环境

城市公共厕所是方便居民和游客生活、满足人们生理功能需要的必备设施，是展现现代社会文明形象的窗口。简述近十年的社会发展动向，不难看出社会各界对公共厕所的重视。

2008年，由中国建筑标准设计研究院组织编制《国家建筑标准设计图集 城市独立式公共厕所》（07J920），这是国家首部城市公共厕所设计类图集。同时由原建设部标准定额研究所组织编写《公共厕所设计导则》，它为今后的公共厕所设计及建造打下了基础。

2011年，由海南省人民政府举办第11届世界公共厕所设计峰会。峰会对海南各个城市公共厕所基础设施建设水准提出了更高的要求，当地政府把解决如厕问题作为国际旅游岛建设的突破口和切入点，将解决城市公共厕所总量不足、提升公共厕所建设标准和管理水平等问题进行了大力推进[1]。

2013年至2014年，为了使厕所创造良好的社会价值，使厕所达到造型新颖、布局分散、可持续、经济实用、舒适的要求，北京科技大学与美国盖茨基金会联合举办了中国区厕所创新大赛，期望通过此次大赛设计出"下一代厕所"，这类公厕应该具备粪便无害化，无污染物排放，实现物质再利用，同时不需要外部电源、水源或排污系统，廉价且持久耐用等条件[2]。

2015年，为引入城市公共厕所设计新理念，进一步提升我国公共厕所的设计、建设水平，原国家旅游局提出了"旅游要发展，厕所要革命"的主旨，举办了首届全国旅游厕所设计大赛[3]，并在浙江义乌的旅游博览会现场，将获奖作品建成实物，供人参观、使用。这些造型新颖、风格独特的公共厕所，颠覆了大众对厕所的传统印象，人们可以从中领略到我国公共厕所发展的新方向，感受到"厕所革命"带来的新变化。

2016年，为进一步深化公共厕所的建设水准，原国家旅游局提出"厕所技术创新"的工作方向，并举办了首届全国厕所技术创新大赛。所有获奖案例都是围绕在没有外界电网和水源的介入下，如何解决整个厕所系统的能量供给、水资源的循环利用等问题。有案例中出现密闭负压分集为基础的资源型气冲厕所技术、循环性冲水式厕所技术、就地生态处理零排放智能绿色厕所技术等新型厕所技术。

2016年，在全社会的大力推动厕所变革的背景下，由北京市环境卫生设计科学研究所主编，上海市环境工程技术科学院、北京蓝洁士科技发展有限公司参编的《城市公共厕所设计标准》（CJJ 14—2016）由住房与城乡建设部发布，这部规范是在2005版《城市公共厕所设计标准》（CJJ 14—2005）基础上撰写的，并对

---

① 2011年11月，世界厕所组织、中国城市环境卫生协会、海南省住房和城乡建设厅共同举办2011世界厕所设计大赛和优秀公厕实例征集活动。本届世界厕所峰会主题为"厕所文明（健康、旅游、品质生活）"。

② 2013年8月，厕所创新大赛—中国区（Reinvent the Toilet Challenge, RTTC-China）在北京正式启动，此次大赛是由北京科技大学负责执行，历时2年，盖茨基金会捐赠500万美元，用于新一代卫生设施在中国研发。来源：http://www.rttc-china.org/.

③ 2015年3月，为全面展示旅游厕所发展水平，引入旅游厕所设计新理念，加强旅游厕所文化的宣传，进一步提升全国旅游厕所设计、建设水平，国家旅游局组织开展了"第一届全国旅游厕所设计大赛"。

其中内容进行了修订，2016年12月1号正式开始实施。

2017年，由中国城市环境卫生协会主办的"公厕变革与提标研讨会"在贵州省贵阳市举办，会议围绕观察厕所革命进展、厕所社会创新、厕所可持续性设计、厕所设计标准提升、厕所智能化等方面展开具体探讨。

2018年，文化与旅游部①提出了"厕所革命再发力"的新三年行动计划，从2018年至2020年全国计划新建、改建、扩建旅游厕所6.4万座。采取组织保障、资金支持、考核督导、宣传引导的四大保障措施，开展建设提升、管理服务提升、科技提升、文明提升的四大提升行动。同年由中国建筑学会建筑教育评估分会和深圳大学对口支援新疆前方指挥部、塔什库尔干塔吉克自治县、卓越集团，共同发起"塔什库尔干最美厕所"2018大学生建筑设计方案竞赛，为壮美的雪域高原景区及乡村厕所的改善尽一己之力②。

1.1.2　学界研究现状

国内研究现状主要集中在城市公共厕所的建筑构造、无障碍设施、人工智能、运作管理等方面，相关研究如下：

1. 建筑构造研究方面

一些学者对公共厕所的建筑构造进行了研究。例如，李正刚2003年通过对公共卫生间应用实例的分析，从男女蹲位比例、视线、流线、开门方向、前室布置及细部设计等六方面，总结出提高公共卫生间设计水平的经验。倪玉湛于2005年论述了公共厕所的双重属性，即公共性和私密性，按照公共厕所的发展历

程，探讨了其双重属性的不同表现，皆在揭示公共厕所设计中关于人性心理层面的考虑，提高公共厕所双重属性的重要性。程雪松2006年对公共厕所私密性进行分析，从功能、空间、历史变迁、文化讨论和社会学研究等多个角度对公共卫生间设计进行了总结和思考，并通过教学研究的反思性实践，把公共卫生间的设计推向公共艺术的舞台。王伯城2006年从城市公共厕所的现状实地调研出发，研究了宏观层面的规划问题、中观层面的建筑设计问题、微观层面的细部设计。俞锡弟等2008年对公共厕所设计要点进行了分析，详细介绍了公共厕所的概述、发展和现状、设计标准、设计要点、卫生洁具的分类和选用。王其钧2010年通过20多年来的民居调查资料中选取素材，从厕所历史、蹲式厕所、坐式厕所、厕所在民居或村落中的位置等方面，对中国传统厕所进行了研究。王志宏2011年主编《世界厕所设计大赛获奖方案图集》，展示了这次大赛中城镇街道、旅游景区、低成本的公共厕所设计获奖作品。李亭翠等2014年阐述了景区厕所设计的重要性，并从建筑、植物、标志等方面论述了景区厕所的景观设计；北京大学旅游研究与规划中心2015年主编了《旅游规划与设计——旅游厕所》，讲述了旅游厕所革命、厕所文化与行业规范，展示了全国旅游厕所设计大赛系列获奖作品。江璇、赵洪宇、王侃2017年通过实地走访及调研，对风景旅游区旅游厕所规划与设计研究进行了相关探讨。余召辉、陶倩倩、许碧君2017年对我国城市公共厕所发展现状进行了分析。许春丽、马家幸、张茜2018年对北京、西安、天津等城市的城市公共厕所男女厕位比例的调研与分析，提出解决该问题的建议。

---

① 文化和旅游部是国务院的组成部门，2018年3月，根据第十三届全国人民代表大会第一次会议批准的国务院机构改革方案，将原文化部、原国家旅游局的职责整合，组建文化和旅游部，不再保留文化部、国家旅游局的名称。

② 本届大赛要求深入了解新疆塔什库尔干塔吉克自治县的自然环境、历史文化和生态现状，探索具有地域文化特色的，与自然环境和谐共生的"塔什库尔干最美厕所"。大赛得到了全国多所建筑院校的大力支持，包括中国工程院孟建民院士在内的多位国内建筑院校院长、教授，卓越集团负责人及深圳慈善会负责人担任专家评审，大家均积极支持竞赛评审活动开展，助力慈善公益。

2. 无障碍研究方面

部分学者从无障碍角度分析了弱势群体对公共厕所的特殊需求。例如，夏婕等2006年论述了公共厕所中的儿童卫生设施设计，认为儿童卫生设施在公共厕所中占有重要地位，好的儿童卫生设施设计不仅能帮助儿童顺利安全地如厕，还在一定程度上有助于儿童养成好的卫生习惯。李高峰等2015年以手动轮椅用户为例，对肢体障碍者无障碍卫生间设计进行了探讨，阐述了创建无障碍卫生间的重要性，在分析肢体障碍者生理、心理和行为特点的基础上，根据其特殊需求，按照无障碍设计的理念，探讨并总结了适用于肢体障碍者的无障碍卫生间的安全性、自立性、个性化、易用性和舒适性的设计原则，以及无障碍卫生间的建筑模数和设备设施的设计要点。孙翠翠等2013年进行了老年人对城市公共卫生间利用情况的调查研究，通过调查问卷，得到老年人对公共卫生间数量感到不满意，认为有必要设置卫生间扶手等无障碍设施的结论。薛宇欣2017年论述了商业建筑中的适童适婴卫生间，提出增设可感知功能、适童适婴功能、母婴服务功能。

3. 人工智能研究方面

有些学者对公共厕所的人工智能进行了研究。例如，蒋求生等2008年提出了"打包厕所"的概念，认为"打包厕所"是一种简便的环保厕所，智能控制器由人体红外感应器、指示灯、打包按钮、袋满检测器、微电脑、背景音乐、步进电机、排气风扇、照明灯等构成，实现自动识别、自动打包、自动处理，可营造舒适的如厕环境。任尚清等2009年提出了智能化厕所控制系统方案构建——随着人们生活水平的提高，对厕所这样的人类生理代谢环境的节水、照明及空气清新度等要求越来越高，利用现代微处理控制技术、传感技术、电气控制技术等为现代智能厕所设计提出了有效的保障。

4. 运作管理研究方面

学者们从运作管理角度对公共厕所进行了探讨。例如，王丽萍等2003年对云南省旅游厕所建设与管理进行了研究，具体探讨了建设公厕管理的原则，具体建设、投融资、经营管理的措施；白恩宇、周刚2013年对北京市公共厕所建设与管理进行了研究；马国亮、程麟2015年在分析旅游"厕所革命"的基础上，对比德国公共厕所市场化运作的模式，为我国的旅游城市和景区公厕进行市场化道路的建设提供有益建议；孙枫、汪德根2016年基于游客满意度感知开展分析，探讨了生态文明视角下旅游厕所建设影响因素与创新机制；易婷婷等2017年基于广州三大景区的公共厕所实地调查，探讨了旅游景区厕所设计优化与管理创新；郭安禧等2017年以山东省4个5A景区的公共厕所为例，提出了旅游厕所满意度的重要性和绩效性实证研究。宋娟、代兰海2018年论述了近30余年国内旅游厕所研究进展及管理创新性的实践模式研究。

1.1.3 实地现状调研

笔者于2018年3月～6月对湖北省武汉市的东湖风景区、光谷步行街、汉口火车站等三个不同区域进行实地调研。东湖风景区是国家AAAAA级景区，深受本地市民和外地游客青睐；光谷步行街是综合性商业购物中心，是武昌地区市民和游客休闲购物的主要去处；汉口火车站是武汉重要的交通集散地，也是南来北往的人候车的重要休息场所。通过对三个区域的实地调查，可以了解不同等级、不同规模的城市公共厕所现状。而且，三个地区都属于综合性区域，其客源类型广泛，有助于研究人员掌握不同人群对城市公共厕所的态度和需求，从而提供普适性建议。

1. 实地考察

调研人员实地考察了东湖风景区、光谷步行街、汉口火车站等三个不同区域的厕所各8座，并对其规划布局、基础设施、人性化设施、卫生状况、建筑风格和周边景观进行了实地调研。结果显示（表1-1）：①公共厕所的数量、布局和服务半径都在合理范围内。东湖风景区厕所25座，每座厕所服务半

区域名称	男女厕位比例	基础设施	人性化设施	卫生状况	建筑风格和周边景观
东湖风景区	5:6~1:2	多为蹲厕，少数为坐式马桶；部分厕所配有烘干机，但较陈旧；冲水器和门锁有损坏现象	①大多设有无障碍厕所，但多数没有无障碍通道，残障人士可进入性较差；②部分厕所设有母婴板；③无低位洗手台；④部分设有儿童便池	部分厕所较为干净，但大部分厕所地面较脏，异味较大	①传统的厕所建筑风格，以灰白或淡蓝色为主色调，外形简朴，属于半封闭厕所，采光和通风效果较好；但部分厕所外墙低，私密性较差；②周边景观植物配置简单，有一定私密性；厕所外有休憩、停留空间；厕所标识比较清晰
光谷步行街	4:5~1:2	多为蹲厕，少数坐式马桶；厕位之间有高1.6米左右的间隔墙，私密性较差；内部设施较为陈旧，部分冲水器和门锁损坏；外部洗手台比较简陋	①大多设有无障碍厕所和无障碍通道，但部分厕所位于商场内部，残障人士可进入性较差；②未设置母婴室或母婴板；③大部分厕所设有低位洗手台；④无儿童便池	卫生状况一般，有异味	
汉口火车站	6:10~1:2	多为蹲厕，基本每座厕所配有一个坐式马桶；设施简陋，仅配有洗手台和镜子	①大部分设有无障碍厕所和无障碍通道；②部分厕所设有母婴板；③每座厕所均设有低位洗手台；④无儿童便池	卫生欠佳，部分厕所异味大	

径为200~300m；光谷步行街厕所17座，每座厕所服务半径为100~150m；汉口火车站厕所12座，每座厕所服务半径为80~120m；②男女厕位比例在1:1~1:2之间，大部分设置欠合理；③公共厕所的内部设施简单，设备存在老旧和损坏情况，人性化设置不够；④卫生情况不佳，室内有异味；⑤外环境和标识设置较好，但建筑形态和风格雷同。

2. 问卷调查

问卷调查在东湖磨山、光谷步行街、汉口火车站三个区域进行，采用实地派发、现场回收的方式，共发放问卷200份（东湖磨山80份，光谷步行街65份、汉口火车站55份）

表1-2：回收200份，有效问卷178份（89%）；其中，从性别来看，女性107人（53.6%），男性93人（46.4%）；从年龄来看，主要集中在18~30岁（47.3%）和31~50岁（31.1%）；从职业来看，企事业工作人员所占比例最大（39.1%），其次是学生（23%）。

市民满意程度：根据问卷调查的市民评分结果（表1-2），从卫生情况来看，消毒状况、室内气味和地面卫生的均值都在3.0以下，说明市民对公共厕所的卫生情况不太满意。从硬件设备来看，厕所挂钩、冲水装置、厕所门锁和洗手设备的均值在3.0至3.5之间，说明市民对公共厕所硬件设备基本满意，但仍存在提升空间。从公共厕所规划设计方面来看，男女厕位比例的均值仅为2.82，说明市民对此不太满意。另外，厕所外观、周边景观和厕所标识的均值都在3.0以上，说明市民对厕所外部设置比较满意。从总体评价来看，

市民对公共厕所的满意程度 表1-2

项目	具体内容	非常不满意（1分）	不太满意（2分）	一般（3分）	比较满意（4分）	非常满意（5分）	均值
卫生情况	消毒状况	8.1%	29.0%	41.9%	19.5	1.5%	2.76
	室内气味	4.8%	34.7%	35.5%	23.3%	1.5%	2.83
	地面卫生	3.2%	29.7%	46.0%	19.4%	1.6%	2.87
	墙面卫生	1.6%	25.0%	41.7%	25.8%	4.8%	3.15
硬件设备	厕所挂钩	11.3%	13.7%	41.0%	25.0%	8.9%	3.05
	冲水装置	3.2%	11.3%	45.2%	35.5%	4.8%	3.14
	厕所门锁	2.4%	22.6%	40.3%	26.6%	8.1%	3.15
	洗手设备	1.6%	11.4%	35.5%	42.7%	8.9%	3.36
规划布局	男女厕位比例	5.2%	29.8%	45.3%	17.4%	2.3%	2.82
	厕所数量	1.6%	11.3%	43.5%	33.1%	10.5%	3.57
	厕所位置	0.0%	8.9%	39.4%	37.1%	14.5%	3.58
外部设置	厕所外观	0.0%	4.8%	33.9%	42.7%	18.5%	3.38
	周边景观	0.0%	4.0%	36.3%	44.4%	15.3%	3.71
	厕所标识	0.0%	8.1%	40.3%	38.7%	12.9%	3.70
总体评价		3.2%	25.6%	47.0%	19.4%	4.8%	2.97

市民对公共厕所的满意程度不高。

内部设施需求：根据问卷调查的市民评分结果，可将不同城区的厕所内部设施按需求程度分为三大类（表1-3）：

第一类：必备设施（2.6~3.0分）：蹲式马桶、无障碍设施、小便池、镜子、储物台或挂钩的均值都在2.5以上，人们认为这四种设施是城市公共厕所必须具备的。

第二类：备选设施（2.1~2.5分）：自动感应水龙头、母婴室、卫生纸、洗手液、烘干机的均值在2.1至2.5之间，属于备选设施。在条件有限的情况下，景区可以有选择性地提供。

第三类：多余设施（1.0~2.0分）：化妆台和装饰画的均值在2.0以下，其中，装饰画得分最低，被认为是最无必要的设施。

厕所照明情况：根据问卷调查的市民评分结果（表1-4），显示自然光照明在当前公共厕所使用较少、设施较差，人们较不满意。说明当前大多数厕所都是一个密封的环境，室内空气流动性差。而人工光照明在厕所使用情况较好，但还不能达到为人们提供充足照明的优质服务。

厕所标示情况：根据问卷调查的市民评分结果来看（表1-5），人们对厕所的男女性别标识满意度为：认为当前厕所的性别标识设计较直观醒目，效果较好。残障厕所标识和路牌指示的设计则不醒目、模糊不清，甚至是无标识，无法给人们准确的信息。

厕所通风情况：根据问卷调查的市民评分结果（表1-6），显示厕所内的空气流通设施目前人们较不

市民对公共厕所内部设备的需要程度　　　　　　　　　表1-3

类别	项目	完全没必要（1分）	可有可无（2分）	必须具备（3分）	均值	排名
必备设施	蹲式马桶	0.0%	15.4%	84.6%	2.87	1
	无障碍设施	0.8%	15.6%	83.6%	2.83	2
	小便池	3.1%	18.6%	78.3%	2.75	3
	镜子	5.6%	21.1%	73.3%	2.68	4
	储物台或挂钩	5.1%	23.4%	71.5%	2.65	5
备选设施	自动感应水龙头	4.0%	43.5%	52.4%	2.48	6
	母婴室	8.9%	43.5%	47.6%	2.39	7
	卫生纸	10.5%	41.1%	48.4%	2.38	8
	洗手液	8.1%	50.8%	41.1%	2.33	9
	烘干机	7.3%	66.9%	25.8%	2.19	10
多余设施	化妆台	25.0%	52.4%	22.6%	1.98	11
	装饰画	39.0%	46.5%	14.5%	1.84	12

厕所照明情况　　　　表1-4

类别	项目	优质	良好	一般	较差需改善
照明	自然光照明	6.7%	21.3%	41%	31%
	人工光照明	10.1%	41%	45%	3.9%

厕所标识情况　　　　表1-5

类别	项目	直观醒目	效果一般	不醒目、模糊不清	无标识
标示	男女标识	75%	15.5%	9%	0.5%
	残障厕所标识	31%	34%	23%	12%
	路牌指识	15%	25%	30%	30%

厕所通风情况　　　　表1-6

类别	项目	优质	良好	一般	较差需改善	无通风设施
通风	地面吹风	15%	20%	36%	25%	4%
	顶棚换气	13%	18%	33%	27%	9%
	熏香设施	0.3%	2.7%	11%	32%	54%
	冷暖气设施	10%	23%	21.5%	27%	18.5%

满意。其中大多数厕所都缺少熏香设施，其次是供应冷暖气的空调设施。地面吹风和顶棚换气设施整体情况一般，有待加强。

上厕所时间：调查显示女性如厕时间为男性的2倍（表1-7），原因之一为女性如厕前先按水冲净便器后进行方便，甚至羞于让他人听见如厕声音，再次按水于冲水声中如厕，并于如厕后三度按水，总计约70～75秒；且便后洗手约为30秒。男性如厕小便时间约为30～35秒，便后洗手时间约15秒。两者之间相差2倍有余。

上公共厕所需时间情况　　　　表1-7

性别	小便	洗手	共计	时间比
男性	30～35秒	15秒	45～50秒	1
女性	70～75秒	30秒	100～105秒	2

数量配比需求：根据问卷调研结果（表1-8），60.1%的女性市民表示经常在公共场所遇到上厕所排队的情况，而仅有12.5%的男性游客有类似情况，三

公共厕所排队情况   表1-8

性别	排队情况			最长排队时间（分钟）			
	经常遇到	节假日遇到	从未遇到	1~5	6~10	11~15	16以上
男性	12.5%	55.4%	32.1%	63.1%	28.9%	5.2%	2.8%
女性	60.1%	38.2%	1.7%	34.9%	40.9%	21.2%	3.0%

成以上的男性游客从未有过上厕所排队的经历；从最长排队时间来看，女性多为6~10分钟（40.9%），男性则主要集中在1~5分钟（63.1%）。可见，女性游客的排队情况较为严重。这反映了城市男女公共厕位比例不合理，女厕数量存在供不应求的情况。

3. 存在问题

通过对三个区域的实地考察和问卷调查，发现城市公共厕所存在不少问题，其中，最主要的是卫生状况差、女厕数量不足和设施不完善。

卫生状况差：城市公共厕所卫生状况是最受市民诟病的问题。虽然国家旅游局倡导的"厕所革命"的开展使"脏、乱、差"形象有所改观，但市民对厕所卫生的满意程度仍然较低。导致该现象的主要原因有以下几个：

①环境管理欠佳。由于城市公共厕所每天要接待大量游客，厕所内设施使用频率较大，加之很多公厕为节约成本，厕所设施质量较差，导致损坏频繁。而且，由于缺乏有效监管和及时维修，经常出现卫生设备（如冲水装置）无法正常使用的情况，加剧了厕所卫生状况的恶化。

②保洁员责任缺失。保洁员是公厕卫生状况的重要维护者。通过对保洁员的观察和交谈，研究人员发现，厕所保洁员基本上是受教育程度较低的中年妇女，她们薪资水平较低，加之清洁工作乏味，工作积极性不高，难免出现怠工或敷衍的情况。

③市民素质有待提高。公共厕所卫生问题与市民素质密切相关。由于市民素质参差不齐，部分市民缺乏公共意识，没有文明如厕的习惯，例如，便后不冲水、随意丢弃纸巾、踩踏坐式马桶等，这些都严重影响了厕所的卫生状况。

女厕数量不足：多数区域都存在女厕排队的问题，特别是在人流量较多的景点，女厕所排队现象严重，甚至在无障碍厕所外也排满了女性市民；与之形成鲜明对比的是男厕的畅通无阻。究其原因，主要有以下几点：

①公厕厕位数量不足。在调查的三个区域中，东湖风景区的厕所面积最大，厕位数量最多，所以排队情况较少。而光谷步行街和汉口火车站的厕所面积较小、女厕厕位不足，排队现象严重。

②男女性别差异。由于女性和男性的生理结构不同，女性如厕时间比男性要长。通过实地调查发现，当前入厕时间中，女性是男性的2倍。这是造成女性厕位紧张的客观原因。

③男女厕位比例不合理。当前城市公共厕所的男女厕位比例为1:1~1:2，没有考虑女性的实际需求，经过调查发现男女厕位比例应为1:3左右较合适。

人性化设施欠缺：虽然多数公共厕所设置了无障碍设施，但仅仅是停留在建设上，并未考虑残障人士的可进入性和使用细节等问题。其次，针对老人、儿童和母婴等弱势群体，许多公共厕所未设置扶手、低位洗手台、儿童便池和母婴室等人性化设施。导致该现象的主要原因有以下几点：

①使用率较低。由于残疾人、母婴和儿童等群体在使用人群中所占比例不大，专门为这部分人提供的人性化设施使用率不高，加之相较于普通厕所，这类设施建设成本较高，因此，很多公厕不重视人性化设施的建设。

②缺乏人文关怀。虽然一些公厕为了符合相关规定和标准，配备了人性化设施，但并未基于人文关怀的意识对设施进行设计和维护。例如，虽然设有母婴台，但卫生非常差，根本无法使用；虽然有低位洗手台，但水龙头大多已损坏。

③缺乏细致化设计。卫生纸、马桶垫纸、洗手液、擦手纸、储物架、垃圾箱、穿衣镜、地面吹风机等卫生设施缺乏精细设计，大多不站在使用者的视角去设置，有些不符合人机工学原理，甚至是没有提供。

湖北省武汉市是我国中部地区的重要城市，通过对武汉的公厕实地走访调研，以点带面可以折射出当前我国公共厕所的发展现状。

1.2 国外现状分析

1.2.1 社会发展环境

放眼世界，美国、西欧、日本等发达国家和地区都有各自的城市公共厕所文化，2001年在新加坡成立了世界厕所组织。另有世界厕所峰会这样的活动，致力于全球的厕所和公共卫生的发展问题，至今已在十多个国家和地区成功举办[①]。通过每年举办一次的厕所峰会，将难登大雅之堂的公共厕所问题，发展成全世界共同关注的主流议题。每年一次的世界厕所设计大赛，加速促进了社会大众对世界先进厕所文化的认知，也为广大建设者提供了一系列优化的设计方法。

世界厕所组织创始人新加坡学者沈瑞华等人指出，探讨改善公共厕所的相关卫生条件，研究公共厕所文化的发展趋势，展示相关卫浴设备科研成果，推动公共厕所相关技术向前发展，最终能有效地服务社会大众。又如美国的比尔及梅琳盖茨基金会（Bill & Melin Gates Foundation）在近些年发起的"厕所重新发明"计划，明确要求设计师运用生态系统设计研发出外观新颖、布点分散、操作便利、绿色环保、经济实用的城市公共厕所，这也成为未来公共厕所的发展目标。

2013年7月，第67届联合国大会通过决议，决定将每年的11月19日设立为"世界厕所日"[②]。

1.2.2 学界研究现状

DengchuanCai，ManlaiYou于1998年提出了符合人体工程学的公共蹲式厕所设计方法。该研究特别强调了人体工程学的考虑，关于台北公共厕所使用情况的实地调查显示，近半数受试者在使用坐式公共厕所时采取非坐姿，86%的受访者同意蹲式公厕更符合卫生要求，并进行了一项实验，以确定重新设计蹲式厕所的相关人体测量数据。

KazunoriHanyu，HirohisaKishino，Hidetoshi Yamashita等2000年以日本的厕所卫生纸为例，探讨了回收与消费之间的联系。研究专门考察了日本纸张回收涉及的消费者因素，研究内容可分为三点：第一点，纸张回收再利用中的消费者因素；第二点，特别关注厕纸的回收再利用，并试图通过消费者对再生厕纸的评价及其与厕纸消费之间的关系，揭示消费者使用或不使用再生厕纸的原因；第三点，影响回收再利用行为的因素，人们认为有必要通过回收再利用，以更好地促进社会发展。

Lila Glyde2005年出版《全方位城市设计——公共厕所》著作，该书首次把公共厕所列为城市设计不可或缺的组成部分进行研究。通过比较世界各国的厕所政策，分析厕所建筑实例，为城市设计师和建筑设计

---

① 世界厕所组织（World Toilet Organization，WTO)是一个关心厕所和公共卫生问题的非营利组织，组织口号是"关注全球厕所卫生"（Involving toilets and sanitation globally）。世界厕所组织官网：http://worldtoilet.org/.
② 朱力钧. 联合国设"世界厕所日"[J]. 环境与生活，2013（8）：8.

师提供公共厕所相关的建筑设计、卫生设施标准、公厕选址、公厕私密性、空间布局、交通便利等专业知识，为今后的公厕筹划和公厕设计提供了设计指南和政策指导。

DriesDekker、Sonja N Buzink、Johan F.M. Molenbroek和Renatede Bruin 2007年探讨了扶手设施支持协助老年人、残疾人使用厕所的理念，能够改善厕所环境、有望提高老年人和残疾人的生活质量。

Waraporn Mamee、Nopadon Sahachaisaereeb2010年提出了：泰国公共厕所设计的通用设计范例及行动障碍者使用标准。研究旨在调查行动障碍者在当前公共厕所使用中遇到的实际问题，以促进他们在泰国人体测量和行为环境中的可及性和可用性。该研究考察了空间障碍、移动性限制的程度、用户的行为以及对有利环境的需求。通过BME测试，该研究致力于推导空间和维度解决方案，探索的兴趣领域包括公共厕所通道的循环区域，马桶和盥洗室周围的主要活动区域，以及面部/洗手和刷牙活动的空间/高度测量。

Kin Wai Michael Siu、M.M.Y.Wong 2013年提出促进健康的公共生活环境，与视障者一起参与城市公共厕所设计。视障人士首先有权使用公共厕所，政府和专业人士应采纳他们的特殊需求，并对他们进行关注。需要构建三级框架（普通，线路和点）来考虑视障者进入城市公共厕所的需求。

SamuelPiha、JuuliaRäikkönen 2017年撰写了大自然的呼唤——客户厕所在零售店中的作用。提出了以前的研究文献很少表明客户厕所设施会影响购物价值，现在应该成为零售商关注的问题。然而，零售店的客户厕所通常受资金因素影响、建造不够重视。该研究旨在为客户厕所在零售店中的关键作用提供科学有力的论证，对来自芬兰城外百货商店的解释性调查数据进行分析，以探讨消费者对顾客厕所的重视程度，以及厕所在使用中对实际购物行为的影响。研究结果表明，客户厕所是被认为是重要的商店属性，更

重要的是，厕所的使用与延长的店内时间相关，反过来又增加了客户消费。这些研究结果提供了学术和管理方面的贡献，并鼓励学者和从业者将客户厕所视为重要要素，并以此开发自身的营销潜力。

1.2.3 各国发展现状

1. 新西兰：数量多，位置显眼、设施齐全

在国家公园等景区景点内，厕所的设置都是根据旅游路线定点而设，其位置大部分都是紧靠路边，或者有明显的标志引导游客。

设施配备以满足基本需求为主，不论厕所位置在市区或郊区，卫生纸、洗手液、手纸是每一个厕所都有的，水龙头都兼有冷水和热水。不论是景区的旅游厕所还是一般公共厕所，大多数都设有婴儿尿布更换台，处处体现着人性化关怀。

著名的新西兰百水公厕，位于高速公路的旁边。这座公厕采用了回收材料，如回收红砖，里面还种植了经济型植物。除了供人方便，这座公厕也吸引了不少路过的人"观光"。

2. 韩国：有法可依，民间团体推动厕所文化建立

在韩国有专门的法律规定旅游景区公共的建设标准，如对节能环保、特殊人群使用的设备标识、厕所内应急通信设备都有具体的要求，使得厕所的安全问题有法可依。甚至对厕所建设的男女蹲位比例都有明文规定。此外，韩国还设立了韩国厕所协会（KTA），致力于引导韩国厕所使用文化，发展厕所相关产业以及组织为弱势阶层建厕所的运动。

在韩国除了见到干净整洁的厕所，人们使用厕所的市民意识也值得学习。其实早在1999年韩国就设立了厕所文化市民联盟，培养市民文明使用厕所意识，推进厕所文化建设。此外它还联合学术界，专门设立了厕所恶臭研究所。

3. 德国：重视公厕选址调查，开放市场节约公共服务成本

在公厕地点的选择上，除了"硬标准"外，德国政府非常重视"软调查"。德国各城市公共厕所管理部门在确定厕所的地点、数量、设施时，必须依靠著名的调查公司来配合完成。

同时，以厕养厕，著名品牌广告让厕所赚钱。以经营厕所闻名的德国瓦尔股份有限公司，向市政府免费提供公厕设施，回报是获得了这些厕所外墙广告的经营权。香奈儿、苹果等众多公司利用这些广告平台做广告，甚至还把广告印在了手纸上，瓦尔公司每年赢利几千万欧元。这成为德国的一道风景线，很多游客都要使用一下瓦尔公司的厕所。

4. 日本：以人为本的公共厕所

日本的公共厕所一直以洁净的环境、人性化的设施设计而被人们称道。走入公厕内可以发现，其室内空间并不大，但每处都呈现人性化设计的考量。如专门供儿童、孕妇、老年人、残疾人等弱势人群使用的卫生设施一样不少。

5. 美国：公共厕所没有蹲便器，卫生洁具设备完善

美国公共厕所没有蹲坑，全是坐便器。坐便器旁边墙上均有装一次性坐垫的容器，伸手可及。公厕里的卫生洁具也是非常细致、完善的，厕所没有任何异味，而且多数香气扑鼻。同时免费提供齐全的卫生纸、马桶圈垫纸、冷热水、洗手液、穿衣镜、储物架、婴儿护理台以及烘干机等设备。

综上所属，现阶段开展城市公共厕所的优化设计研究十分重要，可以改善人们的如厕环境，提高人们的生活幸福指数。同时让那些使用过的人们感受到良好的厕所环境，无形中也能提升自己的个人修养。公共厕所优化设计的普及也会吸引更多的游客，带动城市的经济发展，提高城市的综合竞争力。相信在不久的将来，随着公共厕所的不断优化设计、改造建设，最终会成为给人们留下美好印象的理想之处。

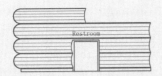

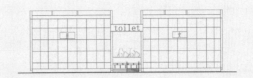

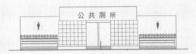

第 2 章

建筑设计

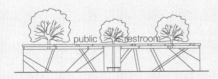

建筑设计是城市公共厕所建造的基础。本章共分5个部分，依次阐述了公共厕所的结构设计、造型设计、材质设计、色彩设计、西部高原厕所设计。本章案例主要来源于作者本人设计获奖作品及指导学生完成的设计创意作品。创作时也参考了《公共厕所设计导则（RISN-TG004-2008）》，《国家建筑标准设计图集城市独立式公共厕所（07J920）》，《2011年世界厕所设计大赛获奖图集》，《第1届全国旅游厕所设计大赛获奖作品》，"塔什库尔干最美厕所"2018大学生建筑设计方案获奖作品。

2.1 空间结构设计

城市公共厕所根据空间结构可分为：独立式公共厕所、附属式公共厕所、活动式公共厕所、组装式公共厕所、固定式公共厕所、单体式厕所、无障碍专用厕所、汽车厕所、集装箱厕所、树屋厕所等。

2.1.1 独立式公共厕所

独立式公共厕所是不依附于其他建筑的公共厕所，它的周边不与其他建筑物在结构上相连接。独立式公共厕所按建筑类别分为三类：第一类为大型公共厕所，建筑面积120~150m²，主要为人流量大、重要的公共设施、重要的交通客运设施、重要的商业区服务。第二类为中型公共厕所，建筑面积70~100m²，服务于城市主次干路沿线；第三类为小型公共厕所，建筑面积40~60m²，服务于居民生活区、企事业单位。（表2-1），（图2-1~图2-3）

2.1.2 附属式公共厕所

附属式公共厕所是依附于其他建筑物的公共厕所，一般是其他建筑物的一部分，可以在建筑物的内部，

独立式城市公共厕所　　　　表2-1

分类	面积	空间功能	适用范围
第一类	120~150m²	卫生洁具齐全，男厕蹲位间、小便间和洗手间应分室独立设置。女厕化妆间应分室设置。同时应设置功能完善的无障碍厕所	重要的公共设施、重要的交通客运设施、重要的商业区
第二类	70~100m²	卫生洁具较齐全，男厕蹲位间、小便间应分室独立设置。洗手室男女可共用。同时应设置中型无障碍厕所	城市主次干路及行人交通量较大的道路沿线
第三类	40~60m²	卫生洁具简便实用、必要性强，蹲位池与小便池可同处一室，洗手间男女可共用。同时应设置小型无障碍厕所	居民生活区、企事业单位、远城区主次道路沿线

也可以在建筑物的邻街一边。例如购物中心卫生间、商业广场卫生间、电影院卫生间、办公楼卫生间、学校卫生间、展览馆卫生间等。

2.1.3 活动式公共厕所

活动式公共厕所是能够移动使用的公共厕所。它是一种临时或短期使用的厕所，能快速进行安置和使用，其主体一般由板材装配而成。可以使用以轻钢为骨架，以夹芯板为围护材料，可方便快捷地进行组装和拆卸的活动板房式公共厕所。

2.1.4 组装式公共厕所

组装厕所是由多个单体厕所组合在一起的活动式公共厕所，洗手盆、烘干器可共用。如时尚新潮的3D打印厕所，利用计算机预先设计出公共厕所的空间结

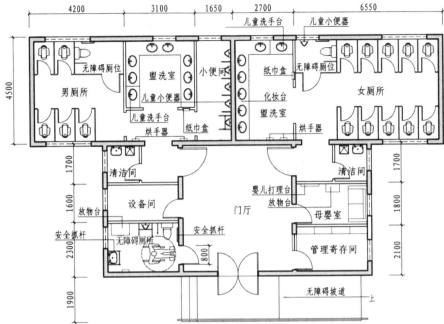

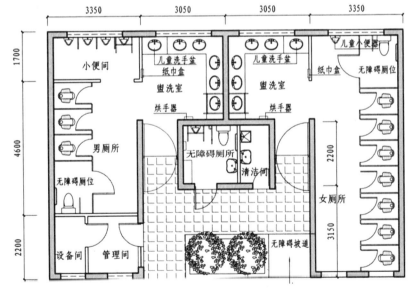

图2-1 第一类公共厕所平面图（单位：mm）

注：
1. 本示例为城市独立式一类公共厕所，建筑面积148.6m²。
2. 本公厕大便间、小便间、盥洗室、清洁间分室设置。
3. 本公厕设独立的无障碍厕所、母婴间、设备间。
4. 图中承重墙厚200，非承重墙厚100。厚度和位置仅为示意，具体工程时应与结构工程师商定。

图2-2 第二类公共厕所平面图（单位：mm）

注：
1. 本示例为城市独立式二类公共厕所，建筑面积86.8m²。
2. 本公厕大便间、小便间、盥洗室分室设置。
3. 本公厕设独立的无障碍厕所、清洁间。
4. 本公厕不设公共门庭，较适合南方。
5. 图中承重墙厚200，非承重墙厚100。厚度和位置仅为示意，具体工程时应与结构工程师商定。

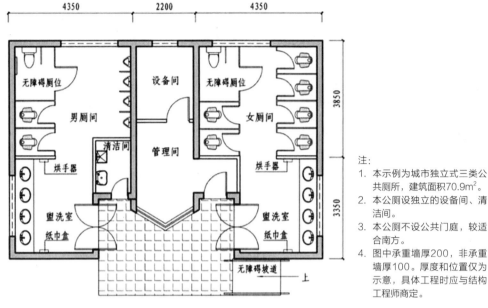

图中标注文字：

4350　　2200　　4350

无障碍厕位

男厕间

设备间

无障碍厕位

女厕间

3850

清洁间

管理间

烘手器

烘手器

盥洗室

纸巾盒

盥洗室

纸巾盒

3350

无障碍坡道　　上

注：
1. 本示例为城市独立式三类公共厕所，建筑面积70.9m²。
2. 本公厕设独立的设备间、清洁间。
3. 本公厕不设公共门庭，较适合南方。
4. 图中承重墙厚200，非承重墙厚100。厚度和位置仅为示意，具体工程时应与结构工程师商定。

图2-3　第三类公共厕所平面图（单位：mm）

构，利用3D打印技术，将零部件一个个打印出来，最后再通过人工组装形成一座公共厕所。

2.1.5　固定式公共厕所

固定式公共厕所是不能移动使用、需要长期多年使用的公共厕所，它是一个正规的建筑物，独立和附属公共厕所属于固定公共厕所的范畴。

2.1.6　单体式公共厕所

只包含一套卫生器具的活动式公共厕所，每次只能供一人使用。其优点是不占空间、移动方便、造价低廉，缺点是功能单一。

2.1.7　无障碍专用厕所

供老年人、残疾人和行动不方便的人使用的厕所，一般均按坐轮椅的人的要求设计，它的进出口和设施按无障碍建筑设计要求进行设计和建设。无障碍专用厕所能为老弱病残孕等人士的使用提供便利，对他们的心理给予了足够的尊重和关爱，让生活在城市中的特殊人群真正体会到如厕带来的快乐。

2.1.8　汽车公共厕所

汽车厕所是能自行行驶至使用场所的活动式公共厕所，当前国内汽车普及，其使用案例较多。汽车厕所一般由大卡车、大巴车、大拖车等改装形成，并配合太阳能电池板、风力发电机、可拓展车体形成绿色生态厕所。

2.1.9 集装箱公共厕所

集装箱公共厕所是采用废弃的集装箱改造而成，适合放在港口、沙滩、海岛等人流集中区域及旅游景点使用。可采用单个集装箱或多个集装箱组合形成公共厕所。

2.1.10 树屋公共厕所

以树型高大的乔木为建筑中心，在其四周搭建、围合形成一座公共厕所，让树木自然生长、空气得到净化，并利用树枝遮挡阳光，适合在旅游景区内修建，既美观又生态环保。

2.2 外观造型设计

传统的城市公共厕所在外形设计上一般都是中规中矩，辨识度不高且缺乏美感。如果能将城市公共厕所设计成有个性的公共艺术空间，一方面方便人们识别，另一方面，艺术感美感强的厕所也能增加人们如厕的舒适度和愉悦感，使公共厕所不仅仅只是满足人们的功能需要，而且能够以其艺术感的存在提升自身乃至整个城市的形象。

2.2.1 蛋壳造型

可爱的外观设计完全突破了人们对公共厕所必须四四方方的刻板印象，其原型来源于鸡蛋，随后结合空间想象力以及结构的考虑，分成两部分①。好似破裂的蛋壳，将较大的空间作为主厕，小部分作为洗手间。将主厕整体布局平均分成两半。考虑到厕所整体的空间构造，两端窄中间宽。男女厕隔开的中央剪力墙两面分别布置4个蹲便池以及1个无障碍便池。考虑到人们视角的问题，利用一堵墙将厕所内部与走道隔开，在男厕左边按照顺序设置4个成人小便池以及1个儿童小便池；同理，女厕右边由于受到空间限制，因此、分别设置1个婴儿打理台、1个成人蹲便池以及1个儿童专用蹲便池，从而最大化利用空间。（图2-4～图2-9）

图2-4 蛋壳公共厕所1

图2-5 蛋壳公共厕所2

① 蛋壳旅游厕所、卷纸厕所、书籍公共厕所、手风琴厕所为作者及指导学生团队设计案例。

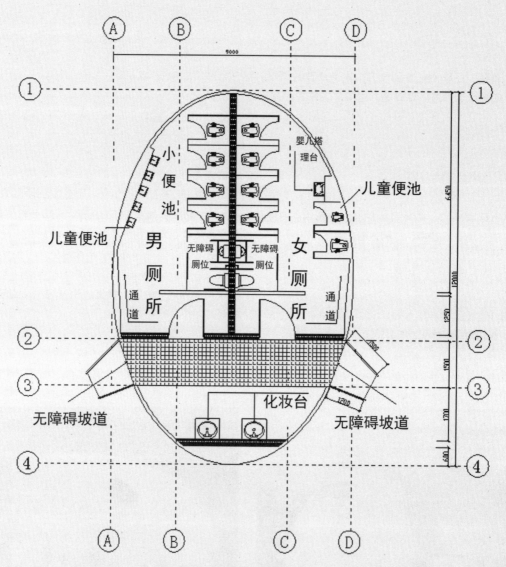

图2-6 蛋壳公共厕所平面图（单位：mm）

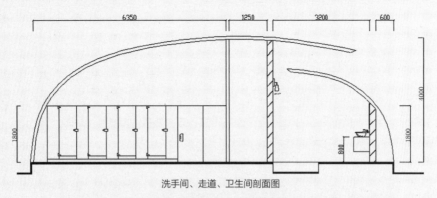

洗手间、走道、卫生间剖面图

图2-7 蛋壳公共厕所剖面图1（单位：mm）

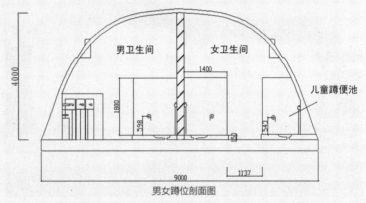

男女蹲位剖面图

图2-8 蛋壳公共厕所剖面图2（单位：mm）

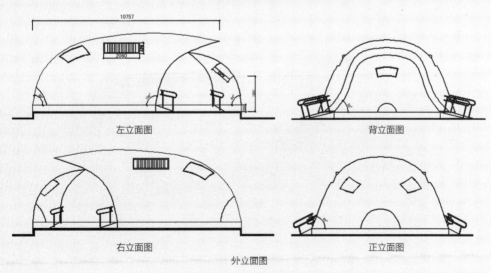

外立面图

图2-9 蛋壳公共厕所外立面图（单位：mm）

2.2.2 卷纸造型

整体造型如卷纸，建筑外形是直线与弧线的结合，带有明显的现代风格。建筑的入口有两个，一个是主入口，正常人士使用；另一个是残疾人士的特殊通道，方便轮椅使用者的进出。在其内部，男厕安置8个蹲便器、6个小便器、4个洗手池，女厕安置20个蹲便器、6个洗手池。同时在男女厕所内各配备一个无障碍卫生间，方便弱势人群使用。（图2-10~图2-12）

图2-10 卷纸公共厕所1

图2-11 卷纸公共厕所2

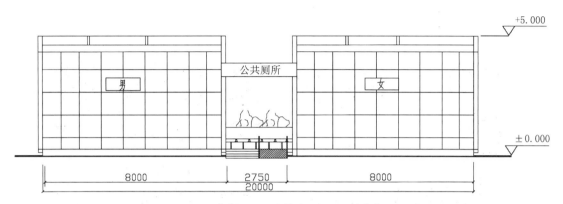

图2-12-a 卷纸公共厕所外观正立面图（单位：mm）

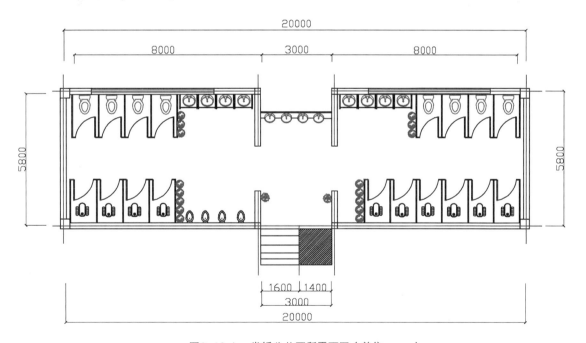

图2-12-b 卷纸公共厕所平面图（单位：mm）

2.2.3 树叶造型

将公共厕所设计成树叶形的外观[1]，通过4片不同色彩的树叶造型使其与周边环境巧妙地融合起来，形成一个极具亲和力的整体空间。公共厕所的4片树叶造型分别将男、女卫生间的区域分隔开来，方便人们识别使用。(图2-13，图2-14)

图2-13　树叶公共厕所

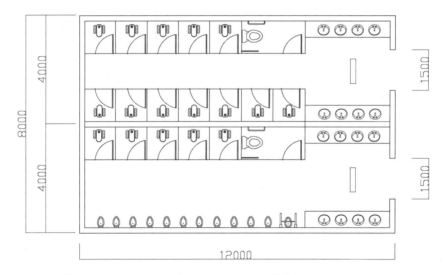

图2-14　树叶公共厕所平面图(单位: mm)

---

[1] 树叶厕所、公交车站厕所、竹材质厕所、森之厕、魔方厕所、白色围墙公厕、飘香公厕、"简变"公厕为2011世界厕所设计大赛获奖案例.

2.2.4 3D打印造型

　　这座厕所部分采用了3D打印的部件，并通过独特的模块化工艺组装而成[①]。为了增加美感，厕所内部增加了时尚的几何造型，内部空间明净宽敞，而黄黑色调的外观设计大胆而美观。其中厕所内大部分部件使用3D打印机打印而成，具有使用寿命长、使用灵活等特点。（图2-15，图2-16）

图2-15　3D打印公共厕所

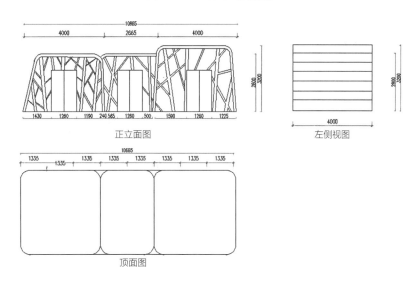

图2-16　3D打印公共厕所外观三视图（单位：mm）

---

① 3D打印移动厕所为第一届全国旅游厕所设计大赛获奖案例，2015.

2.2.5 公交站台造型

将公共厕所与公交站台相结合，可以使人们就近寻找公交车站所在地，同时解决如厕问题。（图2-17～图2-19）

图2-17 公交车站公共厕所

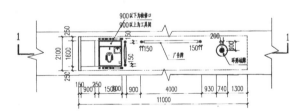

图2-18 公交车站公共厕所平面图（单位：mm）

图2-19 公交车站公共厕所剖面图（单位：mm）

2.3　材质设计

公共厕所建造使用的材质材料可分为：竹材质、木材质、玻璃幕墙材质、水泥材质、金属材质等。其中竹材质、木材质适合组装式、活动式厕所、单体式厕所的建造，水泥材质适合固定、独立式、附属式厕所的建造，玻璃幕墙材质、金属材质适合汽车式、集装箱式厕所的建造。

2.3.1　竹材质

采用竹子材质可以建造临时公共厕所。将亭式公共厕所设计成临时性建筑，建筑上部结构采用轻质的竹结构，低碳、环保、可重复利用。在厕所的下方安装有三个轮子，人们就可以对这座小巧型的厕所进行移动或组合，方便不同区域、不同数量的人们使用。通过该设计案例，将移动便利、组合灵活的公共厕所布置到城市当中，既可解决人们上厕所难的问题，又可缓解城市建设所需的土地资源压力。（图2-20，图2-21）

图2-20　亭式公共厕所

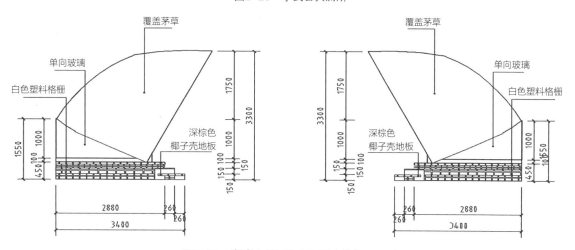

图2-21　亭式公共厕所立面图（单位：mm）

2.3.2 木材质

采用木材质建造旅游景区公共厕所"森之厕"，"森"由三个"木"字组合而成，这三个"木"可以恰如其分地表达方案中关于树木的思路。建筑通过展现其绿色生态的构件，向人们传递绿色环保的理念。该厕所使用的主要材料为木料，木材质是环保有机的建筑材料，使用后能被大自然有机分解，不会造成污染。（图2-22，图2-23）

图2-22 "森之厕"公共厕所

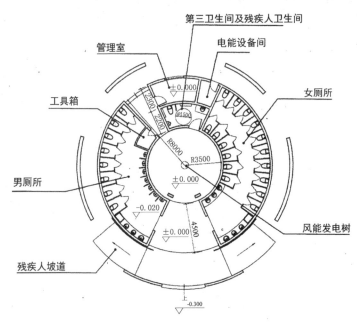

图2-23 "森之厕"公共厕所平面图（单位：mm）

2.3.3 玻璃幕墙材质

采用玻璃幕墙材质建造成魔方公共厕所，适合在城市街道使用。利用绚丽的魔方外观玻璃幕墙设计使其具有较强的视觉识别性，在高楼林立的城市空间中极其方便人们寻找，也为现代都市增光添彩。（图2-24～图2-26）

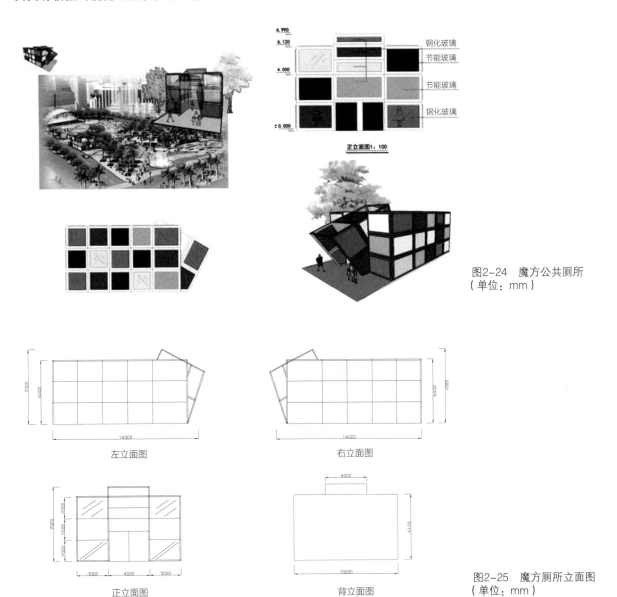

图2-24 魔方公共厕所
（单位：mm）

图2-25 魔方厕所立面图
（单位：mm）

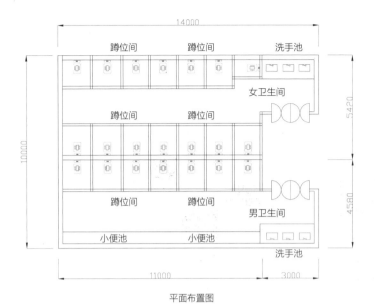

平面布置图

图2-26　魔方厕所平面图
（单位：mm）

2.3.4　水泥材质

　　采用水泥材质建造成书籍公共厕所，适合在学校校园里使用。通过对书籍的叠加，将一摞书籍垒砌成一栋小型建筑，并安装卫生洁具、门窗、换气、无障碍等设施，方便人们使用。书籍公共厕所的设计建造，将水泥这种冷冰冰的材质，赋予人的感情，增加了厕所的人文底蕴。（图2-27～图2-29）

图2-27　书籍公共厕所

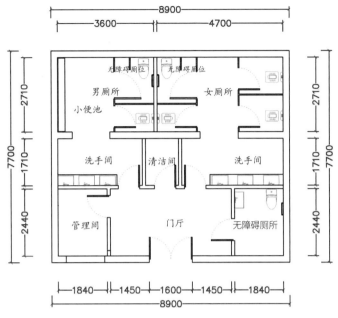

图2-28　书籍公共厕所平面图（单位：mm）

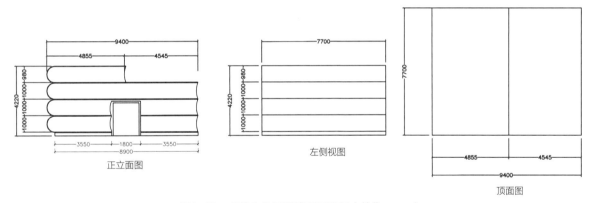

正立面图

左侧视图

顶面图

图2-29　书籍公共厕所外观三视图（单位：mm）

2.3.5　金属材质

　　采用金属材质建造成手风琴公共厕所，适合在商业广场使用。通过金属框架将手风琴的结构展示给人众，通过手风琴外观金属面板，反衬出厕所的新潮、时尚。拉近厕所与人们的距离，让大家使用时产生轻松感、愉悦感。建筑中央为厕所主入口、建筑两侧为男女无障碍卫生间入口。（图2-30～图2-32）

图2-30 手风琴公共厕所

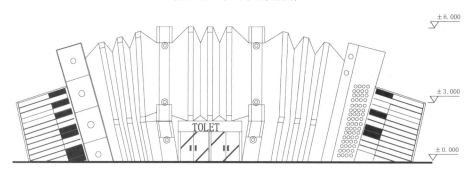

图2-31 手风琴公共厕所立面图（单位：mm）

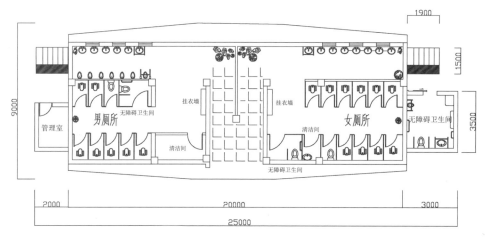

图2-32 手风琴公共厕所平面布置图（单位：mm）

2.4 色彩设计

以灰白色、彩色为例，探讨色彩在公厕设计中的具体运用，以此说明色彩设计是便于人们识别公共厕所建筑的重要因素。

2.4.1 灰白色

灰白色是公共厕所使用的传统用色。白色外观的公共厕所在建造中使用最多，白色干净、卫生、耐看，也便于日常清洁维护。例如白色围墙公厕，在现实生活中较常见，在外观设计上使用白色，使得整体造型清晰、美观。（图2-33 ~ 图2-35）灰色外观的公共厕所则显得经济、沉稳、耐用。例如江苏南京站经济飘香公厕，在外观设计上使用灰色，使得整体建筑处理简洁明快，色彩明朗和谐，几何构造艺术大气。（图2-36，图2-37）

图2-33 白色围墙公厕

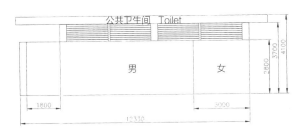

图2-34 白色围墙公厕立面图（单位：mm）

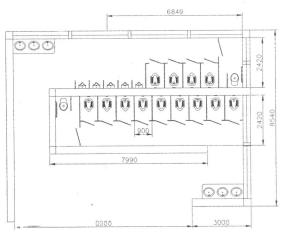

图2-35 白色围墙公厕平面图（单位：mm）

图2-36 飘香公共厕所

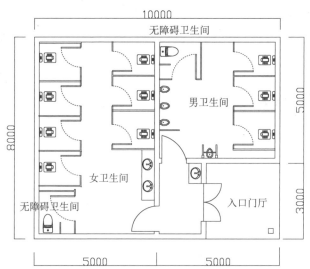

图2-37 飘香公共厕所平面图
（单位：mm）

2.4.2 彩色

　　运用彩色外观设计公共厕所，主要是方便人们识别，特别是在高楼林立的城市中，人们可以通过颜色的观察，尽快找到公共厕所。彩色外观还可与LED灯带、射灯、霓虹灯等相结合，丰富城市景色。例如"简变"公厕就是采用彩色的建筑外观，设计灵感来源于拼图魔方块，以发散性的逻辑思维作为切入点，加上概念衍生形态，在魔方的规律中寻找建筑形体的变化，在变化中找亮点。（图2-38～图2-40）

图2-38 "简变"公共厕所

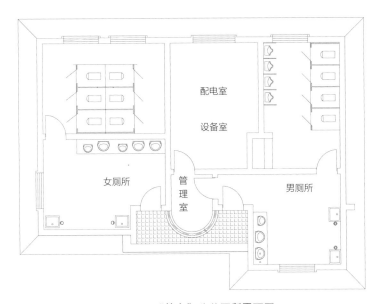

图2-39 "简变"公共厕所平面图

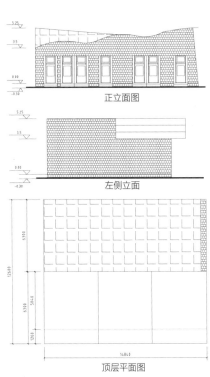

正立面图

左侧立面

顶层平面图

图2-40 "简变"公共厕所三视图(单位：mm)

2.5 西部高原厕所设计

西部高原厕所主要是指在寒冷天气、高海拔、缺氧的环境中能够为人们提供服务的公共厕所,适合在我国西部的广大高原地区建造。2018年,中国建筑学会建筑教育评估分会、深圳对口支援新疆前方指挥部、塔什库尔干塔吉克自治县、卓越集团,共同举办了"塔什库尔干最美厕所"2018大学生建筑设计方案竞赛。为人们提供了西部高原厕所设计的经验,本次大赛要求如下:

适应地域气候条件:设计时应充分考虑高原地区的气候、环境特征。塔县地处帕米尔高原,海拔高、缺氧、缺水。属高原高寒干旱——半干旱气候。冬季漫长严寒,无霜期仅79天。年平均气温3.6℃,极端最低气温零下39.1℃;干旱少雨,年平均降水量不足70mm,蒸发量高达2300mm。日照时间长,年平均日照时数2831小时;春秋季短暂多风,有少量降雨;无明显夏季。最佳的旅游季节是6~9月。

尊重当地文化:在深入了解当地信仰、民俗、生活习惯基础上,设计应尊重当地民俗文化,体现民族特色。

强调绿色环保:设计应注重绿色环保,体现生态特色,应尽量减少选址、设计、施工、运维给环境带来的影响。

注重适用美观:在满足厕所基本功能基础上,对厕所形式进行创新性设计,做到适用美观,使其具有一定标识性与形象感。

具有可实施性:由于所设计的厕所位于高原地区,建造成本较高且技术受限,设计应适当考虑如何快速、低成本建造。建造技术应具有可实施性,建议采用可快速装配的施工技术。

参赛者可根据情况自行选择基地。参赛者可根据所选基地确定厕所规模,具体面积可适当调整。建议每个厕所设计面积为20~30平方米,需区分男女,厕位布置可参照相关公共厕所设计规范及标准拟定。设计应充分考虑塔什库尔干地域气候条件、当地文化特色、当地人生活需求及各选址的基地条件,进行充分融入当地环境的厕所设计,下面就将这届大赛的金奖、银奖作品给大家进行介绍。

2.5.1 路边取景器

该作品以最简洁的手法将地形道路和建筑结合起来,形成一个融合厕所功能以及观景休憩功能的多样化的厕所设计。在解决使用者如厕问题的同时,也为缓解旅途疲劳提供了临时休息点。该方案具有较高的可实施性,可作为公路边厕所的一种新模式。评委专家建议深化时适当考虑人体尺度,使厕所使用空间更加人性化[①]。(图2-41)

2.5.2 山水间

该作品将厕所的大部分功能融于地下,结合地形设计,将地面上做成观景平台,使得公共厕所的设计和景观融为一个整体。除了在屋顶上可观赏实景外,还可以在下面以"潜望镜"的方式看到山水倒影,最大化保留了湖光山色,最大限度减少了建筑对环境的影响。设计者用下沉的手法解决了厕所"看"与"被看"的矛盾。评委专家建议在选址及深化过程中,适当注意土方开挖及通风问题。(图2-42)

2.5.3 融·和

该作品是一个最典型的聚集村落中的公共卫生间设计。方案结合生土材料和绿化景观,形体能够融入当地土石裸露的自然环境。方案将厕所功能和当地人

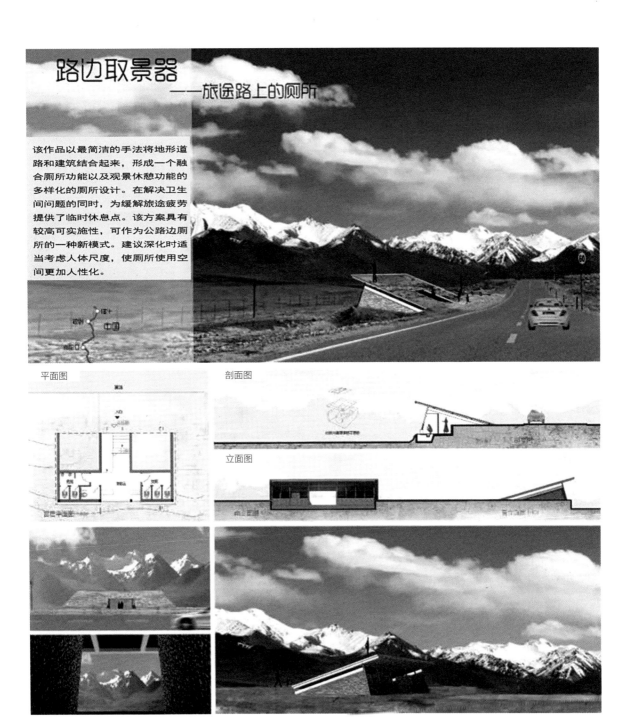

路边取景器

——旅途路上的厕所

该作品以最简洁的手法将地形道路和建筑结合起来，形成一个融合厕所功能以及观景休憩功能的多样化的厕所设计。在解决卫生间问题的同时，为缓解旅途疲劳提供了临时休息点。该方案具有较高可实施性，可作为公路边厕所的一种新模式。建议深化时适当考虑人体尺度，使厕所使用空间更加人性化。

平面图

剖面图

立面图

图2-41　路边取景器

图2-42　山水间

们的使用习惯融合，反映了设计师对当地居民生活状态的一种考量。建筑设计朴素，使用材料恰当，内部空间丰富，厕所的功能配置合理，是一个具有推广性的方案。评委专家建议深化时细致考虑厕所内部空间的自然采光问题。（图2-43）

2.5.4　塔县的小厕

该作品是一个考虑了装配式、工厂预制的灵活组装的卫生间体系。方案具有节能、环保、施工便捷的特点，非常适用于塔县复杂的自然环境。建筑形体采

图2-43　融·和

用标准化工厂预制，运用了耐久性材料。设计选取与周边环境不同的色彩，突出了厕所的识别性，具有广泛的适应性。但作为装配式厕所，如何更好地回应地域特色，是需要继续思考的问题。（图2-44）

城市公共厕所在建筑结构上，从以前的单一化发展到现在的多样化、细致化、人性化，给人们带来了许多的便利。比如之前提到的活动式公共厕所，可以方便快捷地进行组装；拆卸活动板房式公共厕所，能够随时进行移动使用，解决了随用随拆的问题。再如无障碍专用公共厕所，能够为老弱病残等人士带来便利，并且给他们的心理带来了足够的尊重。现在全球提倡环保以及可持续发展，而树屋式的公共厕所和集装箱公共厕所不仅给人们带来了方便，并且可以让树木自然生长，集装箱反复利用起到了生态环保、可持续发展的作用。

城市公共厕所从建筑设计上突破了大家对传统公共厕所外观的认识。例如蛋壳造型的公共厕所，不仅让公共厕所建筑美观，并且实现了空间利用最大化。著名建筑大师安东尼奥·高迪[1]认为："一切灵感来源于自然。"前文中提出的树叶造型公共厕所正是验证了这一句话，树叶造型贴近自然，与环境融为一体，让人们感到亲切。当然了，运用3D打印造型的公共厕所使用寿命长、使用灵活，节约了资源，也符合全球可持续发展的战略。俗话说："人有三急。"当人们很想

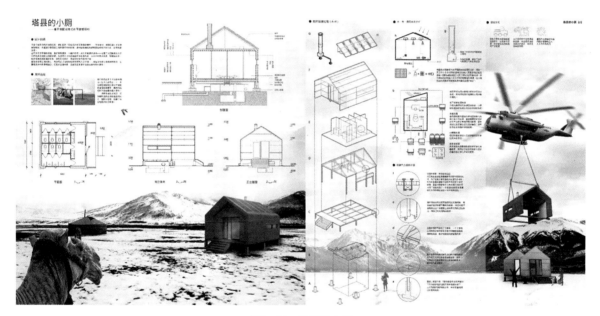

图2-44　塔县的小厕

---

① 安东尼奥·高迪（Antonio Gaudi，1852年6月25日—1926年6月10日），出生于西班牙加泰罗尼亚小城雷乌斯，西班牙建筑师，塑性建筑流派的代表人物，属于现代主义建筑风格。设计过很多作品，主要有古埃尔公园、米拉公寓、巴特罗公寓、圣家族教堂等。

上厕所，但是又没有厕所怎么办？公交车站公共厕所就很好地解决了这一问题，公共厕所与公交车站相结合，可以让人们在紧急情况下解决如厕问题。

城市公共厕所从材质运用上也应环保、生态、可持续发展。竹材质和木材质的公共厕所低碳环保，并且可以重复使用，不会造成环境污染，在竹材质厕所的下方安装轮子，就可以随时移动、缓解了城市建筑所需的土地资源压力。同时，公共厕所的材质还可运用玻璃幕墙和金属，这两种材质建造出来的公共厕所外观时尚、新潮，可以放在城市的街道、商场，方便人们寻找，拉近人们的距离。水泥材质作为当代公共厕所的常用材质，可以放在不同的场所使用，将水泥这种冰冷的材质赋予人的感情，增加厕所的文化感情。例如做成书本的样式，通过书本的叠加，垒砌成一栋小型建筑，放在校园里面方便师生使用。

城市公共厕所的外观色彩应方便人们辨识，最好使人能够一眼就识别出公共厕所。灰白色式公共厕所就是使用传统用色，灰色经济、沉稳，而白色干净、美观便于清洁。彩色外观的公共厕所，能够方便人们在众多城市建筑中尽快发现。还可在公厕外墙上安装灯光，丰富城市景色。

著名建筑家扎哈·哈迪德[①]曾说过："建筑就是那么一个简单的外壳，但它的形体应该能让你激动、让你平静、让你思考。"公共厕所建筑从外观、结构、材料以及颜色等方面，从单一化到多元化，使服务的人群更加广阔，更加人性化，让使用过的人们真正感受到如厕带来的快乐。同时也应遵循可持续发展原则，使其环保。建筑的外观颜色也应多元化，不仅满足了人们的功能需要，而且能够以其艺术感的存在，提升自身以及整个城市的形象。

---

① 扎哈·哈迪德（Zaha Hadid），1950年出生于巴格达，伊拉克裔英国女建筑师。作品包括米兰的170米玻璃塔，蒙彼利埃摩天大厦、迪拜舞蹈大厦。扎哈在中国的作品有广州大剧院、北京银河SOHO建筑群、南京青奥中心和香港理工大学建筑楼等。

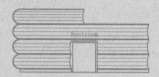

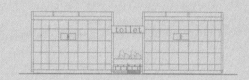

第 3 章

视觉标识设计

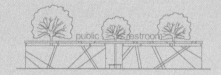

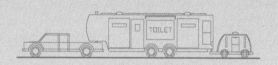

视觉标识设计是城市环境信息的媒介，它给我们的生活带来了舒适和便利。随着经济的发展，现代城市生活的节奏也越来越快，视觉标识设计作为城市公共厕所的外围设施设计，更加显示出其重要性，它对于帮助人们快捷便利地寻找公共厕所是必不可少的。

3.1 路牌设计

公共厕所指路牌是民众日常出行的重要配套设施，其统一化和规范化能够清晰、直接地向市民传递信息，进而增强和完善了公共厕所的服务功能，体现公共厕所服务的人性化。

3.1.1 现状分析

不同时期设置的指路牌标识、标准不统一，这为科学规范地设置公共厕所指路牌，以适应现阶段对公共卫生间指路牌的配套水平提出了更高要求，通过前期进行了大量的现场调研，结果发现存在的主要问题：

（1）部分公共卫生间四周无任何指路牌；

（2）公共卫生间路牌生锈掉漆现象比较普遍；

（3）公共卫生间路牌字迹不清或破损严重；

（4）公共卫生间路牌标注距离与实际距离不一致；

（5）公共卫生间路牌方位指向不明显；

（6）公共卫生间路牌立柱的造型不佳，不容易识别。

3.1.2 路牌位置

根据CJJ 27—2012的相关规定[1]，城市公共厕所设置间距宜符合的规定如表3-1所示。

城市公共厕所设置间距指标　　表3-1

设置位置		设置间距	备注
城市道路	商业性路段	<400m设1座	步行3分钟内进入厕所
	生活性路段	400m ~ 600m设1座	步行4分钟内进入厕所
	交通性路段	600m ~ 1200m设1座	宜设置在人群停留聚集处
城市休憩场所	开发式公园	>2hm²应设置	数量应符合国家现行规定
	城市广场	<200m服务半径设1座	城市广场至少应设置1座
	其他休憩场所	600m ~ 800m服务半径设1座	主要是旅游景区等

根据国内部分城市的公共厕所指路牌设置经验，指路牌的位置应距离公共厕所50m ~ 200m。依据城市公共厕所设置间距指标，为保证民众能够方便快捷如厕，建议设置距离为100m。考虑到指路牌的使用功能，指路牌应设置在便道上。根据《城市道路交通标志线设置指南》，指路牌外缘距离路面侧石线不应少于25m。

3.1.3 路牌设计

路牌的尺寸：根据《道路交通信号灯与交通标志标线规范设置应用指南》的相关规定[2]，指路牌安装位置为牌面下缘与地面的垂直距离，安装高度为2000mm ~ 2500mm。结合路牌道路施工标准和武汉市现行的指路牌设置情况，建议安装高度为2140mm。根据《道路交通信号灯与交通标志标线规范设置应用指南》，指路牌立柱可分为单柱式和双柱式。根据路牌

---

① 环境卫生设置标准CJJ 27—2012［S］.

② 公安部交通管理局、公安部交通管理科学研究所，道路交通信号灯与交通标志标线规范设置应用指南［M］. 北京：中国建筑工业出版社，2017.

施工经验，单柱式立柱直径为76mm、双柱式立柱直径为50mm。考虑耐用、美观、牢固等多种因素，建议采用双柱式。

材料和制作：路牌材料、指示板材料、立柱材料及制作工艺应符合GB 5768—2009[①]和GB/T 18833—2012[②]的有关规定。

指路牌材质分为不锈钢、铝质、亚克力、钛金、铁皮、黄铜。从经济适用美观等多方面综合考虑，建议指路牌底板制作选用铝质材料。铝质板材料的拉伸强度应不小于289.3MPa，屈服强度不小于241.2MPa，伸长率不小于4%～10%。铝板厚度为1.5mm～3.5mm。根据《道路交通信号灯与交通标志标线规范设置应用指南》，制作指路牌的反光材料应采用反光膜，反光膜按其不同的逆反射性能，可分为5个等级。城市快速路和城市主干道的道路指示标志应采用一至三级反光膜。公厕路牌牌面建议选用二级及以上反光膜，反光材料色泽耐用期应达到7a，同时7a耐用期内反光材料的最低逆反射系数应满足国标相应级别的逆反射系数要求。多路交叉口、有背景光源干扰的情况下，宜选用反光性能更好的反光膜。指路牌文字建议采用铝板字工艺，其特点：质轻且不易生锈、着色容易、安装方便、维护成本低。

立柱材质仍采用现行的热镀管（不锈钢镀锌管）。钢柱应进行防腐处理，钢管顶端应加柱帽；钢柱应选用合适的形式与基础连接。钢制立柱、横梁、法兰盘均应采用热浸镀锌处理，立柱、横梁、法兰盘的镀锌量为550g/m[2]。按照上述要求，设计出指路牌设计方案。（图3-1～图3-3）

同时也可以结合不同高低、大小的路牌造型设计出远处、中处、近处3种同高度的公共厕所标识牌，方便人们识别。（图3-4）

---

① 道路交通标志和标线　CB 5700　2009［S］.
② 道路交通反光膜　GB/T 18833—2012［S］.

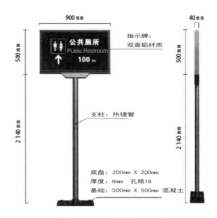

图3-1　单柱式公厕路牌（设计：高钰）

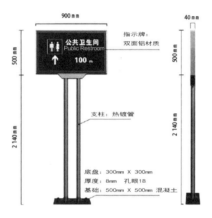

图3-2　双柱式公厕路牌（设计：高钰）

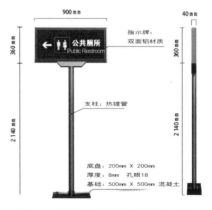

图3-3　近距离公厕路牌（设计：高钰）

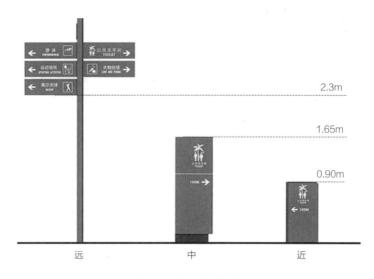

图3-4 海南公厕路牌

3.2 标志设计

公共厕所标志的首要作用，就是指引人们能够在最短的时间内，通过标志找到厕所，这一过程可以分为视觉读取、大脑识别、大脑判断和身体反应。从快速识别的角度出发，这些步骤压缩的越短，厕所标志设计的就越成功。

3.2.1 常规性标志

厕所标志设计的统一规范性是影响其视觉传达效果最重要的因素，只有在这一基础上才能进行个性化的设计。如果全世界所有的厕所标志都采用唯一的设计标准进行设计，那在快速识别和正确性方面将不存在任何问题。但如何权衡统一规范和个性元素在厕所标志设计中的比重，却是需要仔细斟酌的。这需要大量的前期调研，从不同性别、年纪、职业、种族、背景等人员中，选取大家都认可的标志，以下是当前社会通行的公共厕所标志。（图3-5～图3-8）

3.2.2 艺术性标志

当做好了规范化标志之后，可在厕所个性化标志设计中加入趣味审美因素，通过设计师丰富的想象力和不俗的审美力，将更多有趣、生动的因素添加到厕所标志设计中，使识别厕所标志的人们既可以读取必要的信息，又能在视觉感官上得到美的享受。（图3-9～图3-15）

图3-5 公共厕所常规标志

图3-6 男卫生间常规标志

图3-7 女卫生间常规标志

图3-8 无障碍间常规标志

图3-9　公共厕所艺术标志1

图3-10　公共厕所艺术标志2

图3-11　公共厕所艺术标志3

图3-12　公共厕所艺术标志4

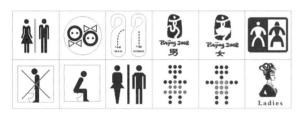

图3-13　公共厕所艺术标志5

图3-14　公共厕所艺术标志6

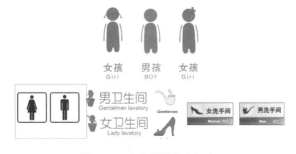

图3-15　公共厕所艺术标志7

3.3 厕所APP设计

开发城市公共厕所APP。首先，可以利用互联网及数字地图技术，开发厕所APP。用户可以通过手机定位，快速找到附近的公共厕所。其次，通过厕所APP可以及时了解厕所内部厕位的使用情况，从而避开使用者较多的厕所。第三，完善公共厕所APP设置评分功能，用户可以对公共厕所进行打分和评论，以便环卫部门管理。

例如，2017年武汉创业者李志鹏开发的"厕所共享"APP，已在苹果和安卓等各大手机应用市场上线。该应用开发的目的是基于"互联网+"的时代，利用手机找厕所，解决用户突然遇到内急需要尽快如厕的问题。与此同时，"厕所共享"APP鼓励用户发现新的商场、美食城、步行街等人流密集区的商家厕所，并将数据上传到厕所APP中，方便其他用户今后使用。该APP目前已在武汉的中心城区推广使用，下一步将推广到整个湖北省。

又如，2018年"城市公厕云平台"在国内正式上线，用户通过APP下载、关注微信公众号或其他小程序，搜索"城市公厕云平台"就能开始使用。当用户点入界面，首先映入眼前的是当前地区地图、周边厕所位置及数量。通过点击最近的厕所标志，选择"到这去"，就会出现一条线路，按此线路走过去就能最快找到公共厕所。同时，该APP还设置了通过公共厕所信息搜索的形式，将公厕名称、所在区域、获取地址、地址描述、公厕类型、公厕等级、冲水方式等进行设定，选择最合适自己的厕所。最后用户通过APP使用完厕所后，还可以进行该厕所满意度评分及评论，并上传该厕所图片，方便其他用户查询[①]。（图3-16～图3-22）

通过以上案例探讨，可以总结当前厕所APP设计的几个特色，为今后数字厕所设计发展方向提供参考、借鉴。

图3-16 "城市公厕云平台"APP界面1

图3-17 "城市公厕云平台"APP界面2

图3-18 "城市公厕云平台"APP前往公厕路线页面

---

① 城市公厕云平台：http://lavatory.cnues.com/.

图 3 - 19 "城市公厕云平台" APP "公厕详情" 介绍页面

图3-20 "城市公厕云平台" APP "共享公厕" 信息页面

图3-21 "城市公厕云平台" APP "综合评分"、评论页面

图3-22 "城市公厕云平台" APP公厕热点资讯页面

3.3.1 数字导航设计

以前人们在陌生的环境中想上公共厕所时，一般都是通过路牌或标志去寻找，或者是询问路人，但并不是每个地方都能看到、问到。现在通过厕所APP，通过手机的地图、路线导航就能快速找到最近的公共厕所。

3.3.2 提前掌握情况

用户可以通过厕所APP提前了解该厕所厕位的使用情况，如小便池、大便池、洗手池等的剩余数量，这样可以缓解单个厕所排队严重、旁边区域厕所闲置的问题，用户可以自行决定下一步的行程。

3.3.3 满意度分析

用户使用完公共厕所后，可以通过厕所APP将本次使用感受进行评分、拍照、点评，并通过厕所APP进行互联互通、数据共享，以便后来使用的人们查询。同时也能促进环卫部门完善公共厕所的监督及管理。

视觉标志，是一个具有表达、情感、指令行动等作用的特征记号，是一种精神文化的象征，也是人类社会文明发展的一种体现。因为标志折射出的是一种事物或千言万语汇聚而成的抽象视觉形象。

城市公共厕所更是社会经济快速发展、城市现代化建设不断发展的必然要求、文明进步的象征。对于人们在更加便利地寻找卫生间这方面的需求，公厕的视觉标志设计就显得尤为重要。公共厕所标志的首要任务是引导人们快速寻找到所在位置。

虽然随着时代的变换，公共厕所路牌已经逐渐增多，但正是因为时代变化之快，在不同的时间段所设置的路牌大部分都没有统一的标准，同时也存在许多的问题。比如在某大型旅游景区的公共厕所指示路牌，因为厕所地址总在更换，但是原先的厕所路牌却没有及时更新，所以导致指示错误而无法找到公共厕所。又如，在公共厕所标示牌上有很大部分并没有英文翻译，但随着国外旅客的不断到来，势必造成外国游客无法顺利使用公共厕所的情况出现。

当前，应根据城市公共厕所在各个地点所需的各项指标来设置厕所路牌，才能为民众带来便利。对于城市厕所路牌的尺寸、材料与制作，建议根据《道路交通信号灯与交通标志标线规范设置应用指南》来设计。

当前社会，公共厕所的标志已经由当年的红油漆写着"男"、"女"文字，变成了现在有统一规范的标志。在目前更注重文明社会发展的过程中，又多了残障人士卫生间的标志与母婴室标志，还有能从小就培养良好习惯的儿童厕所标志，这都为中国的社会文明发展提供有利保障。

随着审美文化的不断发展，厕所标志在规范化标准的基础上又加入了许多有趣味创意的想法，更多生动、有趣，艺术化的公共厕所标志出现在公共场所里，使得人们在读取标志必要信息的同时，又享受到视觉上的美感。这些标志也不再显得格格不入，而是富有自身的情感，与相对的厕所空间融为一体。

随着科技时代的迅速发展，智能手机已经成为人们必备的随身设备，在"人有三急"又没有公共厕所指路牌的情况下，城市公共厕所APP悄然而生。当前研发出的厕所APP的最大特点就是人们在陌生环境中通过数字定位、数字导航来寻找厕所位置，这样也可以提前了解该厕所的使用情况。用户们可以在使用后，在厕所APP中对其进行打分评价，供人们查询，这也方便环卫部门进行监督管理。

现今，整个城市公共厕所的视觉标识设计正逐渐受到重视，也不断在进行优化，它必将为全新的城市公共厕所系统化设计奠定坚实的基础。

整个城市公共厕所的视觉标识设计包含着设计师丰富的设计技巧，不仅是建筑领域，还包括对视觉、材料、技术、规范、互联网及手机APP制作等方面的有关知识。本书对路牌、标志、厕所APP等方向的视觉标识设计进行探讨，以帮助优化重视的公共厕所配套设施，为人们提供便利、高效的"导厕"服务。

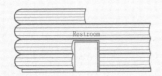

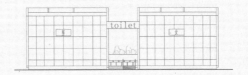

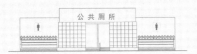

第4章

内部环境设计

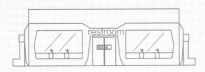

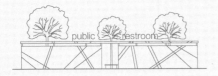

城市公共厕所的内部环境设计，就是要在一个有限的小空间内，密集有序地布置多种卫生设施，以满足不同人群的如厕需求。多功能分区、男女厕位比例、照明与通风、屏蔽设计是开展当前厕所内部环境设计的重点。

4.1 多功能分区

一个功能齐全的城市公共厕所必须从人性化的角度，考虑不同人群的需求，才能设计好内部的各个使用空间，而功能齐全的公共厕所也是衡量一座城市软实力的标志。

4.1.1 分区设计

多功能城市公共厕所的系统构架应含有男女厕所间、无障碍厕所、设备间、管理间等区域。这些区域都应该进行合理布局，才能发挥公共厕所的最大使用效率。多功能公共厕所的空间设计上以男女厕所间为核心，其中男厕所间内应设立小便池区、大便蹲位区、无障碍坐便区、洗手区、男儿童大小便区；女厕所间内应设立蹲位区、无障碍坐便区、化妆区、婴儿护理区、女儿童大小便区。在地理条件充裕的情况下，还应设计无障碍厕所方便特殊人群使用。如还能有足够空间，还可布置设备间、管理室等。进行多功能城市公共厕所设计也体现平等、尊重的人文主义精神，即对特殊人群和各个特定社会群体的特殊关怀，全面尊重不同年龄、不同身份、不同文化、不同性别、不同生理条件使用者的人格和心理需求。如能将这样一个功能完善的公共厕所安置在城市的购物中心、公园广场、车站、港口等人口流量大，人口密度高的区域，人们再也不会因要上厕所而排队，同时又能解决不同人群的需求。（图4-1～图4-3）

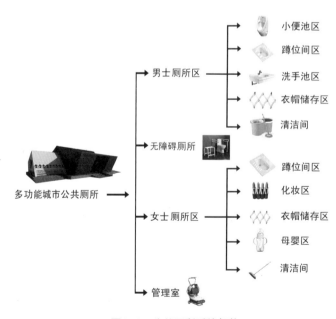

图4-1 公共厕所系统架构

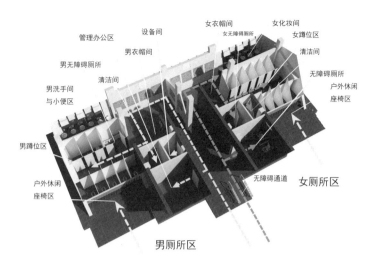

管理办公区　设备间　女衣帽间　女化妆间
男无障碍厕所　男衣帽间　女无障碍厕所　女蹲位区
　　　　　　　　　　　　　　　　　清洁间
男洗手间　清洁间　　　　　　　无障碍厕所
与小便区　　　　　　　　　　　户外休闲
　　　　　　　　　　　　　　　座椅区
男蹲位区
户外休闲　　　　　　无障碍通道　女厕所区
座椅区
　　　　　　　　　　　男厕所区

图4-2　多功能公共厕所功能分区图

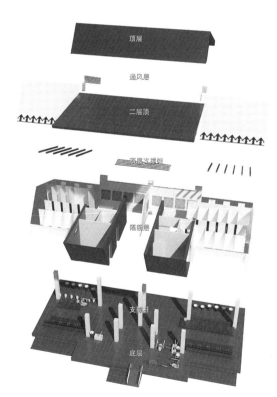

图4-3　多功能城市公共厕所内部环境分解图

4.1.2　共用厕所

现实生活中经常会遇到建筑面积不大的公共厕所，在其使用的高峰期，往往会造成女性上厕所排队的状况，解决这种问题的有效方式——通过改善厕所内部使用空间来进行。例如2015年德国"IF"国际设计赛获奖作品"绅士厕所"，将男厕所使用率较低的蹲位间与女厕所共享，将蹲位间建设在男女厕所的中间一排，两侧都有门，当蹲位间无人使用时，其外沿显示为绿色LED灯带，只要有人一边开启或锁上，另一边的门就会上锁，这时外沿显示为红色LED灯带，如此就不会造成另一边误入的状况。"绅士厕所"设计将有利于缓解女厕所在高峰期的使用压力，达到公共厕所空间最大化利用。（图4-4，图4-5）

4.1.3　管理间及清洁间

城市公共厕所为了便于管理，一般都布置有管理间及设备间，面积无需太大，但必须实用。管理室一般设置在厕所入口，便于管理者办公及休息。清洁间

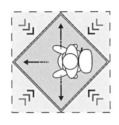
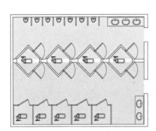

图4-4　共用厕所平面图

一般布置在男女厕所内，主要摆放日常厕所维护的各类清洁设施。如中国台湾环境保护署于2010年指定"推动台湾公厕整洁质量提升五年（2010～2014）计划"，逐年提升厕所管理水准。持续进行公共厕所检查并予以分级管理，依序分为：特优级、优等级、普通级、加强级及改善级等5级。（表4-1，图4-6）

根据公共厕所整洁卫生检查表进行现场评分：特优级——检查成绩95分以上，优等级——检查成绩86～94分，普通级——检查成绩76～85分，加强级——检查成绩61～75分，改善级——检查成绩60分以下。

4.1.4　储物设计

完备的储物设施对城市公共厕所而言也是非常重要的部分。现今人们的生活节奏日益加快，当人们进入公共厕所，发现缺少完备的服务设施，这会给使用者带来不便与尴尬。一个储物设施细致完善的公共厕所设计会为人们提供大量的便利。例如设置储物隔断、储物柜、储物架、衣帽钩等细微的配套设计，都会让使用者感受到设计者以人为本的人性关怀，提高城市公共厕所的使用舒适度。

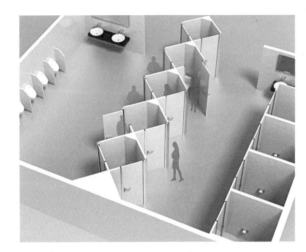

图4-5　共用厕所效果图

公共厕所整洁卫生检查表　　　　　　　　　表4-1

检查日期：　　年　月　时

公厕编号		公厕名称	
		主管机关	
		管理单位	
		厕所类型	□男厕□女厕□无障碍厕所
类别	检查项目	扣分项目（请于方格内打√，粗线旁填写数字）	
		每处扣10分	每处扣5分
硬件设备	照明	□缺电或无照明设备或自然光照明不足	□照明设备损坏＿＿＿处 □未利用自然采光
	厕所	□损坏或无法上锁不能使用＿＿＿处 □上锁不供使用＿＿＿处	□局部损坏＿＿＿处 □厕所改做工具间

硬件设备	大小便器	□无法使用或严重破损____处	局部破损____处
	冲水设备	□无冲水设备或缺水____处 □故障无法使用____处	□漏水____处 □大便池____处
	洗手设备	□无此设备或无法使用 □缺水	□局部损坏或漏水____处
	地板	□严重破损	□局部破损（900cm²以内）
	接口设备（墙壁、门窗、天花板、镜子、挂钩）	□严重破（缺）损____处 □厕间外无垃圾桶 □无挂钩或未设置物台	□局部破损（900cm²以内） □油漆剥落 □垃圾桶不足____个（男厕除外） □挂钩脱落或置物台毁损____处
	标示	□未标示男女 □未标示残障厕所	□男女厕所标示模糊不清 □残障厕所标示模糊不清
维护检查记录	检查记录表	□厕所明显处未标示打扫姓名及维护管理单位电话 □厕所明显处无悬挂清洁及检查人员记录表 □清扫或检查出勤记录表累积2天未签	□清扫或检查出勤记录表1天未签 □标示脏乱、破损未更新
清洁维护	通风	□有臭味	□有异味
	大小便器厕位	□堵塞____处 □有秽物____处	□积垢____处 □脏污____处 □垃圾溢满____处
	洗手台	□堵塞或脏乱、积垢	□不洁、置杂物
	地板	□严重潮湿或打滑 □积垢 □地板脏污	□局部潮湿不洁
	周边环境	□环境脏乱 □周围杂草超过60公分 □清洁用具散乱 □化粪池未定期清理	□门窗□镜子□天花板□清洁工具任意放置□堆置杂物□墙壁不洁

类别	检查项目	加分项目（请于方格内打√，粗线旁填写数字），至多20字	
		加10分	加5分
硬件设备	照明	□采用节水、节能省电设备	
	简便清扫工具	□在厕间提供以满足简易自行清理	
如厕文化标示	文宣	□有操作说明（每一厕间、小便池及洗手台须设置）	
清洁维护	大小便器厕位		□厕间有提供卫生纸
	洗手台		□有提供洗手液
	检查记录表		□清扫记录每日4次（含）以上

现场照片（每日至少2张）		总评：本次检查结果应改善项目：
		1. 硬件设备共计____项
		2. 如厕文化标示共计____项
		3. 清洁维护共计____项
		4. 检查记录表共计____项
		5. 总分：____分
受检单位签名	检查单位	检查员签（名）章

公厕编号：1000210008-A-00015

公厕名称：○○主题游乐园-男厕

管理、维护单位名称：○○县○○主题乐园

认养团体名称：○○企业

检举电话：( ) ○○○○-○○○○

所属机关：○○县政府旅游局

图4-6　公共厕所分级标示图例

储物隔断主要是将原先公共厕所分隔的墙体做成储物柜子，这种嵌入墙体的柜子既可以分隔空间，又可以储物。使用者可以将非贵重物品存放在该区域。储物隔断可以设计成开放式，也可以是封闭式。但需注意，厕所内部湿气较重，储物隔断需做防潮处理。（图4-7）

储物柜可以是地柜，也可以是依靠墙体的吊柜，方便使用者寄存小物件如书籍、水杯、旅行箱、工具袋等随身物件。储物柜可以设计成开放式，也可以是封闭式，但需注意公共厕所内部整体的美观性，尽量选择一处进行合理布置。（图4-8）

储物架主要是在蹲位间、洗手台设置的小型储物设施，方便使用者存放个人物品如钱包、手机、钥匙、纸巾等。由于每个蹲位间、洗手池的面积并不大，所以储物架无需太大，也可使用折叠架。（图4-9）

图4-7　储物隔断

衣帽钩主要是在蹲位间上方设置的储物设施，方便使用者将个人的外套、帽子、手套等随身衣物存放在合适的区域，方便随时穿戴。（图4-10）

图4-8 储物柜

图4-9 储物架

图4-10 衣帽钩

4.2 男女蹲位比例

公共厕所男女卫生便器数量比例的界定，主要考虑男性、女性如厕时间，以及勿让使用者等候时间过久。根据研究分析显示，日本女性如厕时间约为日本男性的3倍，主要因为日本女性如厕前先按水冲洗便器后，因羞于让他人听见如厕声音，再次按水于冲水声中如厕，并于如厕后三度按水。而中国台湾女性如厕小便时间则为70～73秒，较日本女性少一次冲水时间，

洗手约为30秒，台湾男性如厕小便时间约为30～35秒，洗手时间约15秒；两者之间相差仍有2倍多[1]。由此可以看出，女用便器数量大约是男用小便器的2倍有余。鉴于此，中国台湾地区的"建筑技术规则"建筑设备编第37条中注明，卫生设备属同时使用类型者（如学校、车站、影院等），其女用大便器数量与男用大便器数量比例增为5：1；属分散使用类型者（如办公楼、工厂、商场等），其女用大便器数量与男用大便器数量比例修正为3：1以上。其中，前者因有高峰时

---

① 中国台湾交通观光部门，2012年旅游景区游客调查报告［R］. 中国台湾省台北市：交通观光部门，2014.

刻需求，其女用大便器数与男用大便器数之比例增为
5∶1；后者之女用大便器数与男用大便器数之比例维
持3∶1，以保障两性在如厕时平等获得幸福感。（表
4-2）

男女厕所日本、中国台湾上厕所小便时间比　表4-2

国家和地区	性别	小便	洗手	共计	时间比
日本	女	90～93秒	30秒	120～123秒	3
	男	30～35秒	15秒	45～50秒	1
中国台湾	女	70～73秒	30秒	100～103秒	2
	男	30～35秒	15秒	45～50秒	1

而旅游景区公共厕所便器最小数量之推算，以一
般假日的尖峰时段，30分钟内的参访人数来求得男女
厕所的数量，女性游客数以55%计算，男性游客数以
45%计算，并视实际情况分散设置。（表4-3，表4-4）

厕所便器设置比例——依游客人数规划　表4-3

游客数		大便器	小便器	洗手台
女	以55%计	1个/8人	无	1个/40人
		200人以上每超过100人增加2个		
男	以45%计	1个/30人	1个/14人	1个/50人
		200人以上每超过100人增加1个	200人以上每超过100人增加1个	

4.2.1　平时1∶3

依据上述分析，内地目前状况与中国台湾地区近
似，平常期公共厕所内部男女蹲位数量的比例可设定
为1∶3。也就是男卫生间的蹲便池最少设置1个，女卫
生间的蹲便池最少设置3个。

卫生设备数量表　　　　　　　　　　　　　　表4-4

30分钟内参访数	女55%	男45%	女	男		女	男
			大便器	小便器	大便器	洗手台	洗手台
40	22	18	3	2	1	1	1
80	44	36	6	3	2	2	1
120	66	54	9	4	2	2	2
160	88	72	11	6	3	3	2
200	110	90	14	7	3	3	2
300	165	135	16	8	4	5	3
400	220	180	18	9	5	6	4

4.2.2 高峰1∶5

在人流量大、使用厕所频率高的区域，公共厕所内部男女蹲位数量的比例可设定为1∶5。这样可以保障女性上厕所不出现排长队的情况。

4.3 照明与通风

在城市公共厕所的使用中，照明与通风越来越被人们重视。良好的照明设施直接涉及厕所的安全，是人们进行厕所内部活动的基本保障。良好的通风设施也是评价公共厕所服务体系的一个重要指标，应加强厕所内部空气流通，保证人体正常的呼吸功能。

4.3.1 照明设计

公共厕所的照明一般分为自然照明和人工照明。自然照明主要是通过引入阳光为室内提供照明，人工照明主要依靠灯具照射为室内提供照明。

自然照明：由门窗照明、天窗照明等组成。在建筑外墙设置门窗，将阳光引入屋内，进行照明，但要注意窗户的大小，不可设置过大过低，同时可配备百叶窗、单向玻璃，增加厕所的私密性。其次可以在坡屋顶厕所的屋顶设置天窗，将户外阳光引入厕所内部。（图4-11～图4-14）

人工照明：由吸顶灯、镜前灯、壁灯等组成。目前吸顶灯使用较多，吸顶灯主要是安装在厕所的顶棚，光源应选择白色，同时应增加灯具亮度，为人们在厕所内部活动提供充足照明。镜前灯主要是安置在洗手池的上方，方便人们穿衣着装。壁灯主要是悬挂在厕所内部墙壁上，起一定的装饰作用。（图4-15～图4-20）

其中，无障碍卫生间照明需引起重视。由于老年人的视力普遍下降，在进行卫生间照明设计时，要注

图4-11 普通窗

图4-12 百叶窗

图4-13 单项窗

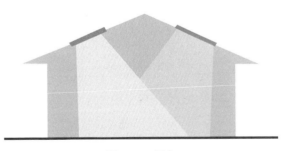

图4-14 天窗

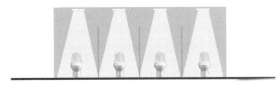

图4-15 吸顶灯室内照明

图4-16　吸顶灯

图4-17　镜前灯室内照明

图4-18　镜前灯

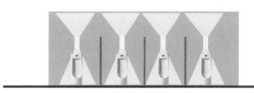

图4-19　壁灯室内照明

图4-20　壁灯

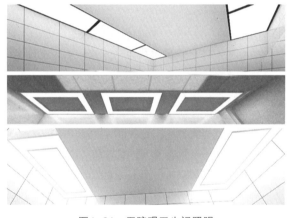

图4-21　无障碍卫生间照明

意柔和地提高室内的照度，提高器物的可识别性，但应注意避免光线过亮，色彩对比过于强烈，防止出现强光、日光直射眼睛的情况。（图4-21）

同时还可选择合适的白炽灯或荧光灯布置在公共厕所的入口及通道进行照明。（图4-22）

4.3.2　通风设计

长期以来，人们习惯地认为公共厕所有些味道是必然现象。这种观念在某种程度上阻碍了对厕所通风控制以及通风设施布局的科学认识和设计[①]。以往公共

---

① 杨春水. 无窗卫生间的通风设计［J］. 暖通空调，1999（4）：46-49.

图4-22　白炽灯和荧光灯

厕所通常通风不良、无进风系统、排风扇随意设置。而现代化的公共厕所不仅要求要有清新的空气，同时要求通过科学的通风设计，实现卫生间的节能环保。公共厕所通风系统设计要点如下：

（1）排风量计算

当厕所设有空调系统时，排风量宜按新风量的110%～120%确定，以维持厕所适当的负压，避免卫生间臭气外溢。若无新风系统，则卫生间的排风量可以按换气次数以每小时6～12次来考虑。一般而言，设置空调系统的公共卫生间在夏季温度较低，室内外空气温差小，污染气流热压小，扩散速度慢，因此排风量相对未设置空调系统的卫生间要小一些。

（2）排风口的位置及气流组织

便池局部产生的有害气体是影响厕所内部空气质量的关键因素，而传统的通风方式使这部分气体经过顶部风扇排除，造成有害气体的扩散。因此设计上宜

在每个便池部位安装低位风扇或者排风口，对有害气体实施单独治理，随时将便池产生的有害气体直接排出，避免有害气体的扩散。低位强制排风是解决厕所室内空气质量问题最简单、最有效的技术。（图4-23）

（3）设计补风系统，优化气流组织

目前大多数大型商场、星级酒店和高档商场的公共厕所内均设置有空调系统，但设置新风的不多见，基本上新风都是从室内门窗缝隙渗透进入厕所内，经过的通道长，阻力大，严重影响风量。而一般的排风扇压头都比较小，如果不设计补风，排风量很难达到设计值。公共厕所内部一般都设有独立的洗手间，洗手间内可不设排风扇，仅设置补风口，让气流从洗手间流向卫生间，再排至室外。洗手间设置在卫生间内时，排风口应该稍远离洗手间，补风口正对洗手间。卫生间补风量宜为排风量的80%，补风口设置在洗手间的正上方。（图4-24）

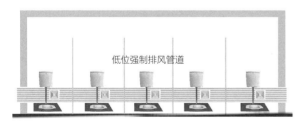

图4-23　低位强制排风设施

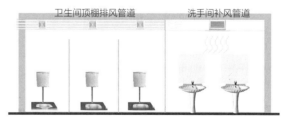

图4-24　洗手间补风系统设施

（4）排风系统控制策略

卫生间排风系统可控制策略，是能够根据室内有机挥发物（VOC）的浓度，自动调节排风系统，使其在"高、中、低"三挡之间切换。如果采用变频排风机，则该控制器可以驱动变频器控制排风机的转速，达到节能的目的。

（5）城市公共厕所机械通风系统设计需要注意的几个问题：

首先，目前国内卫生间一般都使用冲水马桶或者便池，卫生间湿度大，因此要选用低噪声、耐腐蚀的排风机，进排风系统管材要求防锈耐腐，国外一般选用不锈钢风管。

其次，当同一个排风系统有多个排气扇时，在排风支管上设止回阀，或者选择自带止回功能的排风扇，以防止空气回流。

第三，排风总管入管井处设70℃防火阀，防止下层卫生间发生火灾时，烟气顺着排风管道蔓延到上层。

第四，北方地区或者湿度较大的卫生间，排风管道要有一定坡度、坡向排风管井，并设计外保温，防止凝水滴落。

第五，尽量采用铁皮风道，禁止采用土建风道，以免漏风造成臭气外溢。

第六，公共卫生间通风效果不好的原因之一，是排风扇的余压不足以克服排风系统的阻力，一般排风系统都由70℃防火阀、风井及室外防雨百叶组成，管道风速在5m/s时，此三处的局部阻力就可高达50Pa。因此应选择压头大于100Pa的排风扇。

4.4 屏蔽设计

城市公共厕所的屏蔽设计主要指公共厕所男女卫生间的屏蔽，这是项私密性较强的设计。它要求各类公共厕所均要设置屏蔽设施。当前公共厕所男女厕所的屏蔽问题，并没有引起设计部门的足够重视。主要

原因是，一方面屏蔽设计要占用一定的厕所使用面积，另一方面是对屏蔽设计的内容和方法缺乏研究和了解。

屏蔽设计分为全屏蔽通道设计、半屏蔽通道设计。全屏蔽通道指在厕所门外的任一位置均不能看到厕所内的任何设施及正在使用设施的人。所谓半屏蔽通道是在厕所门外的任一位置均不能看到厕所内的任何厕位及正在使用该厕位的人，但可以看到洗手设施和使用洗手设施的人。

4.4.1 全屏蔽通道设计

全屏蔽通道一般有5种形式，分别为"L"形、"P"形、"U"形、倒"P"形和"Z"形。这五种形式适用于各种平面布置在全屏蔽通道设计上的需要。（图4-25）

其中"L"形全屏蔽通道适合长形面积的布置，这是五种形式中，通道使用面积最小的一种全屏蔽通道。

4.4.2 半屏蔽通道设计

半屏蔽通道设置的目的是为了防止蹲位间、小便池暴露于厕所以外的视线范围内。它的设置方法同样可以采用全屏蔽的五种形式，只是原来全屏蔽通道墙体的某一墙面可以用来设置洗手池等卫生设备。另一种是把洗手设施全部放到男女厕所间外的公用场所，在洗手间和厕所间之间设置全屏蔽通道。（图4-26）

半屏蔽通道相对于全屏蔽通道，具有使用面积较小的优点，但该场所的流动人口较多，须设置较多便器的公共厕所。

4.4.3 蹲位间、小便间屏蔽设计

公共厕所内部的蹲位间、小便间同样也需要进行屏蔽设计，即便是同性在上厕所时也需要自己有一个私密环境。在男、女卫生间的每个蹲位间需设置隔断，

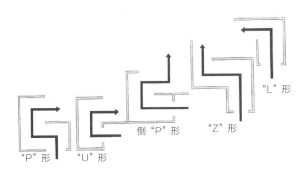

图4-25　全屏蔽通道设计

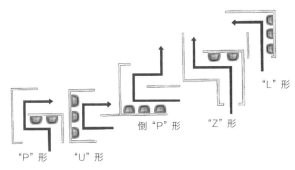

图4-26　半屏蔽通道设计

高度设为2m，就能够有效阻挡正常视线。在男士小便间的每个小便池旁也可设置隔断，高度设为1.5m，就能够有效阻挡正常视线。（图4-27，图4-28）

　　城市公共厕所的内部环境设计关乎每个使用者的感受，对提高现代人生活质量有十分重要的作用。当今社会早已进入男女平等的时代，公共厕所的厕位比例更应调整更新。同时也应注重照明和通风设计，有助于改善厕所内部的照明及空气质量，提升厕所舒适度。开展厕所屏蔽设计也是保护使用者个人隐私、提升全民素质的重要保障。

　　随着人们生活水平的提高，城市文明程度不断提升，生活观念也发生了很大的变化。过去，城市公共厕所一直被认为是由专门的政府机构管理负责建设的场所，厕所的功能也仅仅局限于作为人们提供方便的角落，其内部环境设计受到限制，许多功能被忽略。现在，人们对生活质量有更高的要求，城市公共厕所的内部环境设计不仅要求满足排泄功能，而且要满足卫生清洁、储存、化妆、母婴、饮用水等多方面的要求。所以，也要求设计者在城市公共厕所的设计上，要考虑不同人群的使用需要，从人性化角度出发，考虑更多的细节，才能让使用者感到更加舒适方便，而不仅仅只是满足排泄功能。

　　德国建筑大师密斯·凡·德·罗[①]曾说过"少就是多"，在处理手法上主张流动空间的新概念。现实生

图4-27　蹲位间屏蔽设计

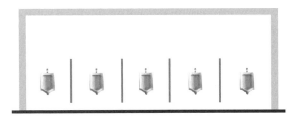

图4-28　小便间屏蔽设计

---

① 密斯·凡·德·罗（Ludwig Mies Van der Rohe）（1886年3月27日 – 1969年8月17日），德国建筑师，也是最著名的现代主义建筑大师之一，与赖特、勒·柯布西耶、格罗皮乌斯并称四大现代建筑大师。密斯坚持"少就是多"的建筑设计哲学，在处理手法上主张流动空间的新概念。

活中经常会遇到建筑面积不大的公共厕所，在其使用的高峰期，往往会造成女性上厕所排队的状况，解决这种问题的有效方式，可以通过改善厕所内部使用空间来进行。根据调查显示，平时女性上厕所的时间往往与男性的比例为1：3，高峰期可达到1：5。由于考虑到女性使用公共厕所的特殊情况，如生理期、携带儿童等，使用厕所的时间确实比男性的时间相对偏多，所以在设计过程中，应提高女性厕位的比例，提高使用率，这样可以避免女性上厕所排长队的情况出现。

日本建筑大师安藤忠雄①曾说"让光线来做设计"，光之教堂就是经典代表作品。在城市公共厕所的使用中，照明与通风越来越被人们重视。良好的照明设施直接涉及厕所的安全，是人们进行厕所内部活动的基本保障。良好的通风设施也是评价公共厕所服务体系的一个重要指标，应加强厕所内部空气流通，保证人体正常的呼吸功能。公共厕所的照明一般分为自然照明和人工照明。自然照明主要是通过引入阳光为室内提供照明，在公共厕所的设计中，可以设计门窗将阳光引入屋内进行照明，根据厕所门窗的大小，同时可配备百叶窗、单向玻璃，增加厕所的私密性。其次可以在坡屋顶厕所的屋顶设置天窗，将户外阳光引入厕所内部。人工照明可以通过吸顶灯、镜前灯、壁灯等

进行照明，使得城市公共厕所的光线更充足，还能起一定的装饰作用。公共厕所更应有良好的通风设计。可以一改过去人们认为公共厕所有些味道而有所抵触的习惯认知。在设计上，要让公共厕所有更完善的排风系统，可以设置低位强制排风管道和卫生间顶棚排风管道，以及洗手间的补风管道，多方位的排风系统使气味驱散，保持空气的新鲜。

城市公共厕所也应具有私密性，不要一开门就看得见便池，可进行公共厕所男女卫生间的屏蔽设计，以起到遮挡作用，还能保障男女的私密。屏蔽设计分为全屏蔽通道设计和半屏蔽通道设计。全屏蔽通道指在厕所门外的任一位置均不能看到厕所内的任何设施及正在使用设施的人，一般有5种形式，分别为"L"形，"P"形，"U"形，倒"P"形和"Z"形。所谓半屏蔽通道指在厕所门外的任一位置均不能看到厕所内任何厕位及正在使用厕位的人，但可以看到洗手设施和使用洗手设施的。

当前，城市公共厕所的内部环境设计正逐步完善，在一定程度上标志着一个城市，一个地区，一个国家的文明程度。它不仅提供方便的功能，还为城市注入人文精神，提升社会的文化品质。

---

① 安藤忠雄，日本著名建筑师。1941年出生于日本大阪，以自学方式学习建筑，1969年创立安藤忠雄建筑研究所。1997年担任东京大学教授。作品有"住吉长屋"、"万博会日本政府馆"、"光之教会"等。从未受过正规科班教育，开创了一套独特、崭新的建筑风格，成为当今最为活跃、最具影响力的世界建筑大师之一。

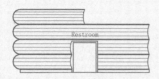

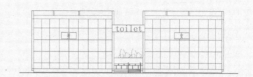

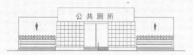

第 5 章

卫生洁具设计

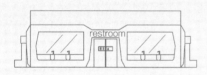

城市公共厕所的人流量很大，让人愉悦的外观设计只是走出了公共厕所设计的第一步，人们更为关注的是它的卫生状况。除了管理部门做好清洁卫生工作，设计者也应该重点考虑如何让公共厕所变得更加干净卫生。事实上，卫生洁具设计上的细节改变就可以达到这样的功效。现在很多公共厕所已经做到了这一点，为了降低交叉感染的概率，最大限度地减少直接接触，洗手池的出水系统和蹲便器的冲水系统，淘汰了直接用手接触的龙头或者按钮，采用感应式或者脚踏式的设计。设计者还可以在洁具设计的其他细节方面进行更多改良的探索。本章主要通过设计案例分析，探讨卫生洁具的改良方法。

5.1 成人卫生洁具设计

在公共厕所中，成人卫生洁具主要分为小便池、蹲便池、坐便器、洗手池等，当前成人卫生洁具的设计较成熟，造型也较丰富。

5.1.1 小便池

男士小便池分为单体式和集合式。

单体式又分为：落地式、壁挂式的小便池。落地式小便池指站立在地面上，形成单独空间，供男士方便。壁挂式小便池指悬挂在墙面上，供男士方便，但相对落地式更省室内空间。（图5-1～图5-4）

集合式一般为槽沟式不锈钢小便池，就是使用槽沟式的造型，不锈钢材质组装，可最大限度地利用空间，提高使用率，在大型公共场所和人流相对集中的地方所体现出的优越性是单体小便池不可替代的。（图5-5，图5-6）

还有一些设计比较大胆、创新意识较强的卫生洁具设计。Tendem节水小便池是设计师KasparsJursons带来的实用创意，将洗手盆放在了便池的上方，然后用洗手时的水来冲厕所。巧妙的设计省去了额外安放

图5-1 落地式小便器

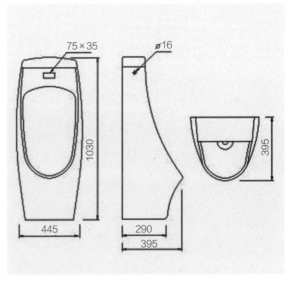

图5-2 落地式小便器三视图（单位：mm）

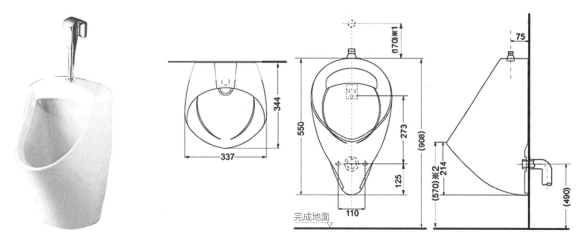

图5-3 悬挂式小便器

图5-4 悬挂式小便器三视图（单位：mm）

图5-5 槽沟式不锈钢小便池

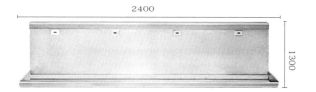

图5-6 槽沟式不锈钢小便池正立面图（单位：mm）

台盆的空间，小便、洗手实现一步到位，更为方便快捷，同时也能节约用水[1]。（图5-7，图5-8）

5.1.2 蹲便器

国内公共厕所一般使用蹲便器，很少出现坐便器，这是由于东亚人的体质体型、长期形成的上厕所习惯决定的。当前蹲便池可分为：分体、连体蹲便器；前挡水和不带前挡水蹲便器；前排水和后排水蹲便器。（图5-9～图5-12）

5.1.3 坐便器

欧美国家公共厕所一般使用坐便器，很少出现蹲

---

① 中洁网：洗手盆便池一体化、Tendem节水小便池. http://picture.jieju.cn/other/326090.

图5-7　Tendem节水小便池1

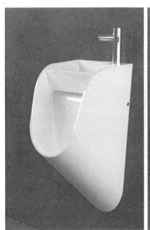

图5-8　Tendem节水小便池2

图5-9　分体蹲便器

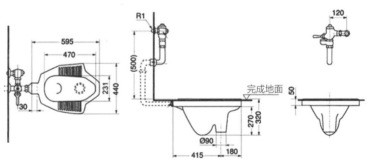

图5-10　蹲便器三视图（单位：mm）

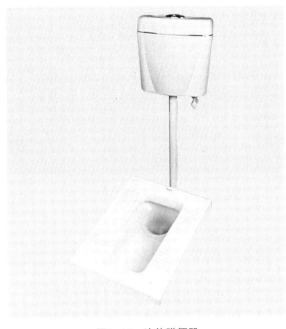

图5-11　连体蹲便器

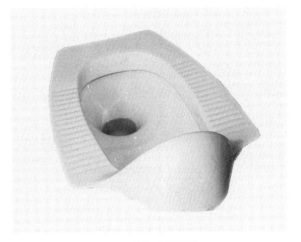

图5-12　前挡水蹲便器

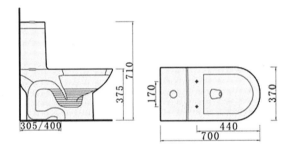

图5-14　蹲便器尺寸图（单位：mm）

图5-13　蹲便器

便器，这也是由于欧美人的体质体型、长期形成的上厕所习惯所决定。但目前国内星级厕所也开始普及坐便器。当前坐便器可分为：冲落式坐便器、虹吸式坐便器、虹吸喷射式坐便器、虹吸漩涡式坐便器。（图5-13至图5-15）

　　男女通用便器，此洁具造型打开时就是个坐便器，方便女士使用；收起时又是一个小便池，方便男士使用，同时还带紫外线灭菌功能[1]。（图5-16，图5-17）

① 视觉同盟：Young Sang Eun两用式马桶设计. http://www.visionunion.com/.

冲落式

虹吸式

坐便器的下水方式有2种，
冲落式和虹吸式
其中虹吸式有2种分类：
喷射虹吸和漩涡虹吸

图5-15　冲落式、虹吸式蹲便器分析图

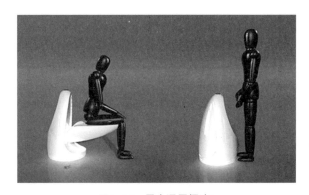

图5-16　男女通用便池1

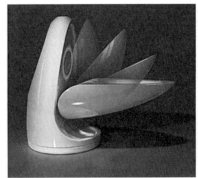

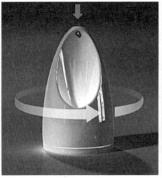

图5-17　男女通用便池2

5.1.4　洗手池

洗手池在公共厕所里，是便前便后洗手的专用水池。也是指水龙头下接水的水盆，其上方配有穿衣镜。现代公共厕所洗手池还要兼顾男女梳妆，调整自己仪表仪态的功能。（图5-18，图5-19）

5.2　学龄前儿童卫生洁具设计

开展儿童卫生洁具设计旨在为儿童及婴幼儿群体如厕提供便利，根据对前期实地调研分析后，得出学龄前各年纪阶段儿童所需的卫生洁具需求明细，见表5-1。

（一）符合儿童人体工程学的洁具尺寸设计

学龄前儿童使用的坐便器高度要降低到离地面300mm左右，直径缩小1/4，也就是日常坐便器的3/4左右。手纸盒也要相应降低。洗手池和洗手液的高度也要调低至离地面700mm～800mm。在这点上，永旺梦乐城武汉经开店的儿童卫生间就做的较好。里面有专门提供儿童使用的儿童洗手台、儿童小便池、儿童坐便器。其中专门为男孩子设立的小便池，高度只有成人小便池的2/3。婴儿护理台的高度则参考成年人工作台面使用高度，护理台可以折叠架设在男女卫生间

图5-18 洗手池

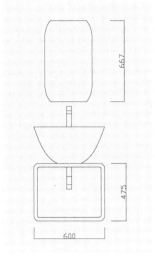

图5-19 洗手池尺寸图
（单位：mm）

的墙壁上，方便父母给婴幼儿更换尿布，同时婴儿护理台的牢固安全性也至关重要。（图5-20）

（二）符合儿童安全的洁具细节设计

由于儿童有好动的天性，在设计中应时刻留心，尽量避免有尖锐器物出现。儿童蹲位间的隔断应该尽量避免使用金属材料，如扶手架、门把手等应尽可能采用橡胶等软材料。考虑到小孩容易失足跌倒，在儿童使用的卫生区域内，地面最好铺设防滑垫。并且在有明显90°转角的地方，如入口处、洗手池边缘，应设法做成圆角或用软材料包边。

（三）符合儿童心理的洁具色彩设计

儿童总是对陌生世界充满好奇，在陌生环境中，他们首先会对充满色彩的事物感兴趣，传统的卫生洁具多是白色，因为白色干净、卫生、好打理，但这些未必能打动儿童。站在儿童的心理上，适当调整卫生洁具的颜色，如男孩可以使用天蓝、浅绿等颜色，女孩可以使用粉红、柠檬黄等颜色，都可以调动他们的如厕情绪，在无须父母劝说的情况下，自己进行方便，从小培养良好的如厕习惯。

（四）符合儿童审美的洁具造型设计

比如在儿童坐便器、儿童小便池的童趣装饰上就有很多改进的空间，近些年笔者也开展了大

学龄前各阶段儿童所需的卫生洁具需求明细 表 5-1

年纪阶段	婴儿护理台	婴儿童护理床	儿童安全座椅	儿童洗手池	儿童小便池	儿童坐便器	儿童蹲便器
0~1岁	●	●					
2~4岁			●	●	●	●	
5~6岁				●	●	●	●

注：●代表有该项需求

图5-20 儿童卫生洁具实景图

量相关设计，如儿童小便池、儿童坐便器、儿童洗手池、婴幼儿安全座椅等，这些案例都是围绕儿童审美心理的童趣化造型设计。

5.2.1 精灵小便池

此款儿童小便池的设计主要是采用小精灵的卡通造型，在儿童小便池的上面设置了一对眼睛，左右两边设置了小手臂，同时外观颜色采用绿色方便儿童识别，整体设计充满童趣。（图5-21～图5-23）

5.2.2 小熊坐便器

此款儿童坐便器的设计主要是采用小熊的卡通造型，在儿童坐便器的后水箱正中间设置了按水阀门，

方便儿童触手可及。同时儿童坐便器的颜色为蓝白色，白色是洁具主体色，蓝色是坐便器垫圈颜色，提醒儿童正确使用坐便器垫圈。（图5-24～图5-25）

5.2.3 小象洗手池

此款儿童洗手池的设计采用小象的卡通造型，在儿童洗手池的水龙头开关使用象鼻子的造型，提示儿童正确使用水龙头，便后勤洗手。洗手池的整体颜色为淡蓝色，从而引起儿童注意。（图5-26，图5-27）

5.2.4 婴幼儿安全椅

对于2～4岁的儿童，行动暂时不具备自理能力，可以在每个男、女蹲位间的墙角设置可折叠的婴幼儿

图5-21 "小精灵"儿童小便池

图5-22 "小精灵"儿童小便池外立面照片

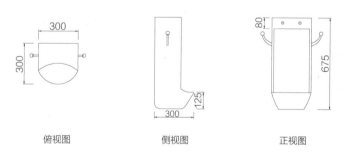

俯视图　　　　　侧视图　　　　　正视图

图5-23 "小精灵"儿童小便池外尺寸图（单位：mm）

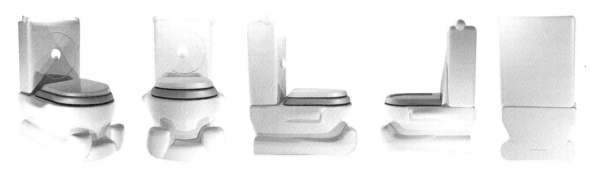

图5-24 "小熊"儿童坐便器外立面图

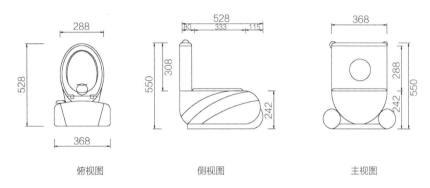

俯视图　　　　　　　侧视图　　　　　　　主视图

图5-25 "小熊"儿童坐便器三视图（单位：mm）

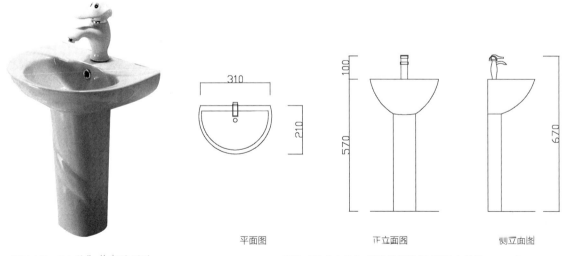

平面图　　　　　　正立面图　　　　　侧立面图

图5-26 "小象"儿童洗手池　　　　图5-27 "小象"儿童洗手池三视图（单位：mm）

安全座椅，方便带幼儿出行的父母上厕所时，不与孩子分离，让孩子在一旁休息等候。（图5-28~图5-30）

开展学龄前儿童卫生洁具设计时，也应把握尺寸调节、色彩感应、童趣造型、安全构造等设计特点，为其今后相关洁具产品的生产、制作提供必要的理论依据。

（一）尺寸调节

学龄前儿童卫生洁具的尺寸大小可参照成人卫生洁具尺寸大小的3/4进行设置。由于学龄前儿童正处在身体发育的阶段，其身高、臂长、腿长都不如成人，所以儿童小便池、儿童洗手池、儿童坐便器的尺寸设计要按照儿童的身姿进行调整。例如：儿童小便池不适合壁挂式，只能落地式设置。精灵儿童小便池的高度只有670mm，下面的挡板只有150mm，并且落地式构造，方便男童小便。小熊坐便器的高度只有550mm，其中坐便台的宽度只有280mm，方便儿童

坐便。婴儿安全座椅的高度只有600mm，其中坐垫的高度只有300mm，方便学龄前儿童使用。这些设计案例都是按照人机工学的原理进行尺寸设计，方便儿童使用。

（二）色彩感应

色彩影响着儿童对客观世界的感知力。艳丽的色彩不仅能够激发孩子们的兴趣，增强他们对事物的感知力，而且对视觉发育和智商的发展也有很好的帮助。根据数据分析，在丰富色彩环境下成长的孩子的观察力和记忆力，均优于成长在黯淡、色彩单一的环境下的孩子。儿童喜爱清晰、明亮的色彩，也就是明度和纯度较高的颜色，但是大量强对比色和高纯度色长时间使用也会刺激儿童的眼睛。因此，学龄前儿童卫生洁具设计色彩应与洁具材料的固有色相结合。卫生洁具的固有色一般有陶瓷色、大理石色、木材色、金属色等，这样可以降低视觉的刺激度。为了便于引导学

图5-29　婴幼儿安全椅2

图5-28　婴幼儿安全椅1

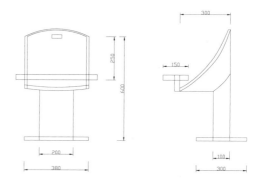

图5-30　婴幼儿安全椅3（单位：mm）

龄前儿童正确入厕，设计师在儿童卫生洁具的可触摸区以及开关按钮设计时，可选择暖色系。在设计儿童卫生洁具的不可触摸区以及水电安装区时，可选择灰色系，因为灰色系一般受儿童排斥，一般不会引起他们的注意。

（三）童趣造型

儿童时期是人生中最纯真、快乐、充满幻想的时期。在卫生洁具设计中强调童趣化因素，学龄前儿童就能体验到卫生洁具带来的强烈感情力量，不同性别、年龄阶段的儿童对卫生洁具的需求也不同。0~1岁的婴幼儿没有生活自理能力，处于心理、生理、社会意识等方面的觉醒期，这时婴儿护理台、护理床就可以解决他们的方便问题。但2岁以上的儿童就开始对周边事物产生兴趣，这时儿童卫生洁具的造型可采用童趣化的手法，能给他们带来幸福感与安全感，能使他们在上厕所这件事情上由被动变主动。学龄前儿童卫生洁具通常可以采用动物或者卡通人物的造型形式，比如小精灵、小熊、小象、芭比娃娃等。他们在使用卫生洁具的过程中，可以获得有交流有沟通的情绪感受，让他们在与儿童卫生洁具的相处中获得愉悦感，促进他们下次继续尝试自觉如厕带来的快乐。所以学龄前儿童卫生洁具的设计要使他们能看到自己的语言，增强儿童的自信心，才会产生积极上厕所的念头和情感。

（四）安全构造

学龄前儿童卫生洁具的安全构造主要体现在三个方面：首先，由于学龄前儿童身体正处在发育阶段，其所用的卫生洁具应使用环保无害材料，如绿色陶瓷、纯橡胶、E0级木板等材料，避免造成对儿童身体产生伤害。在有明显90°转角的地方，如入口处、洗手池边缘，应设计制作圆角缘或用软材料包边。其次，由于婴幼儿都要经历"口唇期"，[①]喜欢拿起物品就直接

放到嘴里咀嚼，所以在儿童卫生洁具的设计上务必进行整体构造设计，使其不能轻易拿到嘴里咀嚼。第三，考虑到儿童在卫生间地面容易跌倒，所以在其卫生洁具的四周地面，尽量使用防滑地砖、防滑地板进行地面铺装。总之，在学龄前儿童卫生洁具的设计过程中，要始终贯穿安全意识，加强安全构造方面的考虑，这点至关重要。

儿童是我们国家的希望所在，也是每个家庭的未来期盼。对学龄前儿童卫生洁具的专项设计探讨，是从其心理、生理、意识及行为出发，设计出适合他们的卫生洁具，并从儿童的观察视角出发，营造出适合他们的卫生环境，让他们能够愉快地上厕所，从小培养良好的个人卫生习惯。

5.3　无障碍卫生洁具设计

城市公共厕所中的无障碍卫生设施设计旨在为老弱病残孕群体如厕提供便利，根据对特殊使用人群实地调研分析后，得出所需的无障碍设施见表5-2。无障碍卫生洁具主要分为无障碍小便池、无障碍坐便器、无障碍洗手池。

特殊人群卫生洁具需求明细　　表5-2

各类特殊人群	无障碍小便池	无障碍坐便器	无障碍洗手池	紧急呼叫按钮
孕妇		●	●	●
65岁以上老年人	●	●	●	●
肢体残疾人士	●	●	●	●

注：●代表有该项需求

---

① 口唇期，亦称"口腔期"。弗洛伊德所划分的人格发展的最初阶段。约从出生到一岁半，这时期婴幼儿通过吮吸、咀嚼、吞咽、撕咬、紧闭等来获得满足。

5.3.1 无障碍小便池

对于腿脚不方便的男士也可设计一个专门进行小便的无障碍小便池，在使用时只需将小便池上方的扶手拉伸下来支撑双臂，进行小便。（图5-31，图5-32）

5.3.2 无障碍坐便器

无障碍坐便器设计是将男女卫生间内各做一个面积较大的蹲位间，将蹲位器更换为专用坐便器，并在坐便器的两侧设立扶手架，方便老弱病残孕群体使用。（图5-33~图5-35）

为老智能马桶组合设计是将可移动扶手架、可升降马桶坐垫进行结合[①]。扶手部分使用黄色，给人以柔软、舒适、安全的体验。扶手使用橡胶材料，能够使把手握起来更简单，不易滑落。同时扶手架上设置4个功能按键，分别是可升降坐垫、自动冲洗、身体检测、控制坐垫温度。

当按下"可升降坐垫"按键，马桶圈会自动倾斜，从而支撑老年人站立或下蹲。当完全坐下后，坐垫可以自动缓慢下落到水平位置。同时，当按下此按钮，滑轮会自动锁定，老年人可以握住扶手而不担心滑倒。

当按下"自动冲洗"按键，老年人不需要费力找纸巾擦拭，坐垫内置的小型喷头可帮助他们温和冲洗并风干。

当按下"身体检测"按键，内置排泄物检测盒，可智能简单检测排泄物并将结果发至提前设置好的手机里。

当按下"控制坐垫温度"按键，可以对坐垫温度进行调节，分为高、中、低三档。（图5-36~图5-38）

5.3.3 无障碍洗手池

将常规洗手池的高度进行一定提升，便于腿部及腰背不适的人能直立使用。同时在洗手池左右两侧设置扶手架，支撑腿脚不便的人士双臂，还可在下面设置小便

图5-31 无障碍小便池

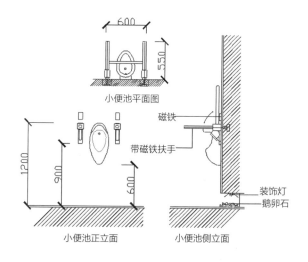

图5-32 无障碍小便池三视图（单位：mm）

---

① 为老智能马桶组合设计，2014"为老爸老妈设计"——适老空间及用品创意设计大赛获奖作品。

图5-33　无障碍坐便器

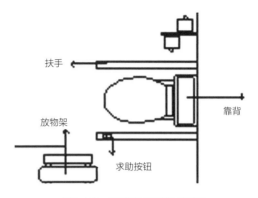

图5-34　无障碍坐便器平面图

扶手

放物架

靠背

求助按钮

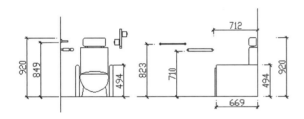

图5-35　无障碍坐便器正视图（单位：mm）

图5-36　为老智能马桶组合1

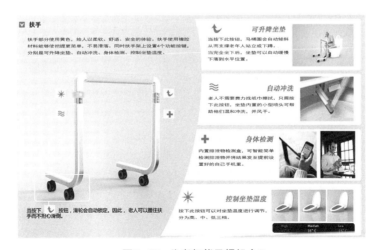

图5-37　为老智能马桶组合2

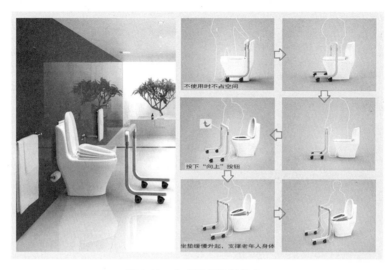

不使用时不占空间

按下"向上"按钮

坐垫缓慢升起，支撑老年人身体

图5-38　为老智能马桶组合3

图5-39　无障碍洗手池1

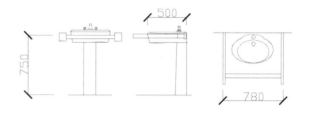

图5-40　无障碍洗手池2（单位：mm）

池，无需行走可原地进行小便。（图5-39～图5-42）

　　第二次全国残疾人抽样调查主要数据显示，全国现有残疾人的家庭户共7050万户，占全国家庭户数的17.80%。根据国际标准，65岁以上老年人占人口7%就意味进入老龄化社会，按照这个标准，我国早已于1999年进入老龄社会，是较早进入老龄社会的发展中国家之一。目前，我国65岁及以上老人所占比重已经接近10%。由此可见无障碍卫生洁具设计是刻不容缓的，目前对特殊人群来说，公共场所大多是有障碍的，

非常不便于他们出行。所以无障碍设施建设应当强制推行，尤其是在公共场所。很多人认为，无障碍设施仅仅为特殊群体服务，总在有意无意中忽视，尽管相关条例出台保障特殊群体的需要，但仍有出行困难、设施普及率低、无障碍设施被非法占用等问题出现。

　　"无障碍设计"（Barrier-freeEnvironment）这个概念名称始见于1974年，是联合国组织提出的设计新主张，指的是针对各种有障碍的人进行的消除障碍的环境和产品设计。中国残疾人联合会研究指出：残疾人自身

图5-41　无障碍洗手池、小便池1

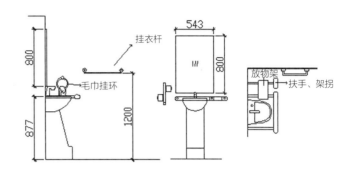

图5-42　无障碍洗手池、小便池2（单位：mm）

的功能代偿和残缺功能的社会补偿，可以使残疾的实际影响变得比人们想象中小得多，这也是无障碍设计的意义所在。[1]

使弱势群体能平等参与到社会生活中，共享社会资源，人性化的无障碍生活环境，满足他们生存和生产的需要，帮助他们克服障碍应是当前我们积极探讨的问题。第十一届全国人大常委会第二十八次会议上列席会议的全国人大代表孙淑君建议，以航空、铁路、公路、金融服务、城乡公共设施服务等窗口服务行业为切入点，提升残疾人权益保障水平。中国无障碍设计代表人物周文麟[2]提出：平等参与共享，已经成为每个社会成员的普遍要求，而人权平等、尊老爱幼、扶贫及助残的民主观念也已经深入人心，建设无障碍环境成为社会的呼声，经济越发展，越要求整个社会生活水平不断提高，而在这当中，无障碍公共设施设计正是适应这一要求的主要内容。

无障碍卫生洁具设施主要服务对象是老年人、残疾人、孕妇等行动不便者，他们由于年龄、疾病、生理等原因，感知能力较差，肢体不协调，难以克服一些障碍，易发生危险。公共厕所浴室是老年人、残疾人活动特别不方便的场所，每年在公共厕所发生的安全事故远远超过许多地方，是个事故高发地。在符合设计要素的基础上，为残疾人、老年人、孕妇等弱势群体提供舒适、便利、安全的公共环境。面向全体社会公众服务，无障碍环境是残疾人走出家门、参与社会生活的基本条件，也是方便老年人、妇女儿童和其他社会成员的重要措施。同时它也直接影响着我国的城市形象与国际形象。加强无障碍卫生设施建设，是物质文明和精神文明的集中体现，是社会进步的重要标志，对提高人的素质、培养全民公共道德意识、推动精神文明建设等也具有重要的社会意义。

当前开展无障碍卫生洁具设计，是为老弱病残孕幼等弱势群体使用提供便利，对他们的心理给予足够的尊重和关爱，充分体现了人文关爱的真谛，使其体会到如厕带来的快乐。

① 贾祝军、申黎明、沈怡君．卫生间的无障碍设计 [J]．山西建筑，2011（11）：6-7.
② 周文麟．城市无障碍环境设计 [M]．北京：科学出版社：2000.

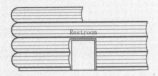

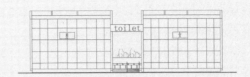

第 6 章

基于人文关怀的第三
卫生间①设计

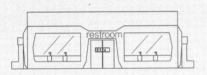

① 城市公共厕所一般设有男厕所、女厕所这两个传统类型，而第三卫生间主要是指在现代城市公共厕所内部空间中，单独设置的方便带婴幼儿的父母、有老人或残障人士的家庭公共卫生间，以此来解决异性家属需亲人陪护，才能上厕所方便的问题。该解释部分参考自中国建筑标准设计研究院. 城市独立式公共厕所07J920【M】. 北京：中国计划出版社，2008.

"第三卫生间"也可称为"家庭卫生间"、无性别公厕，是在公共厕所中专门设置的、为行为障碍者或协助行动不能自理的亲人（尤其是异性）使用的卫生间。根据原国家旅游局（现国家文化和旅游部）2016年12月发出《关于加快推进第三卫生间（家庭卫生间）建设的通知》主要是解决不同性别的家庭成员共同外出，其中一人的行动无法自理，上厕所不便的问题[①]。例如女儿协助年迈的老父亲、儿子协助腿脚不便的老母亲、母亲协助男童、父亲协助女童、夫妻间有残疾人需协助等。近些年随着国民经济的快速发展，人们生活质量的不断提升，对户外公共设施的需求正不断多样化、细致化。当前公共厕所大多都缺乏第三卫生间设置，少数有第三卫生间的又不够完善，所以开展第三卫生间空间设计研究就是为了顺应时代发展，解决人们更人性化、多样化、细致化的生活需求，为城市环境卫生建设提供有效的借鉴。

本章通过人文关怀的视角探索第三卫生间空间设计模式。经过实地走访调研，设计了三种不同案例，从空间营造、色彩氛围、功能配置、无障碍卫生洁具等方面分析其内涵和设计特定，从安全性、功能性、多样性、舒适性4个方面，提出了构建第三卫生间空间的设计模式。当前开展第三卫生间空间设计案例分析与研究为了顺应时代发展，解决人们更人性化、多样化、细致化的生活需求，为城市环境卫生建设提供有效的借鉴。

6.1 国内外现状分析

6.1.1 国外现状分析

在国外，第三卫生间（家庭卫生间）的称谓来自

英文"Family toilets"的翻译，主要是方便带婴幼儿的父母或有老人或残障人士的家庭单独使用的卫生间。发展到现在，转而重点服务于老弱病残人士。美国是最早设置第三卫生间的国家，20世纪中叶就设立了第三卫生间，主要体现在其科学系统的人机工程学和环境卫生学的研究基础之上，同时尽量满足特殊人群及其家属的方便需求。美国设计师亨利·德雷福斯（1955年）撰写著作《为人的设计》，明确提出设计承载人们的情感，需要带给人更多、更细致的深切关怀和满足人的情感需求[②]。进行第三卫生间空间设计是人性化设计的重要体现，即对弱势群体的人文关怀。日本的第三卫生间一直以洁净的环境、人性化的设施设计而被人们称道。其率先指定《残障人士基本法》（1993年）对可供残障人士、老人、儿童等群体使用的第三卫生间空间设计作出严格规定，切实保证了这部分人的社会利益。

6.1.2 国内现状分析

在国内，近年来随着中国经济发展的不断提高，人们的物质生活水平的不断改善，与公共场所密不可分的公共卫生空间设施设计逐渐得到了大家的重视，在近些年也从中诞生了第三卫生间。从2014年4月北京市出现第一个第三卫生间统一标志，第三卫生间面向社会开放运行；到2014年10月上海市延安中路首设第三卫生间；再到2015年5月南京市夫子庙景区公厕改造与新建中设置6处第三卫生间；这一切使得这个不为大多数人所知的第三卫生间不断出现在大众视野中，让大家对其有了初步的认识。2016年，在全国厕所革命工作现场会上首次提出：全国5A级旅游景区都必须配备第三卫生间。根据国家文化和旅游部"厕所革命再发力"网站统计数据，全国5A级旅游景区在2017年

---

① 旅办发（2016）314号，原国家旅游局办公室关于加快推进第三卫生间（家庭卫生间）建设的通知，2016.
② 亨利·德莱福斯. 为人的设计[M]. 陈雪清，于晓红译. 南京：译林出版社，2012.

年底已建成604座第三卫生间，其中新建271座，改扩建333座。可见第三卫生间的服务范围以及社会影响越来越大。（图6-1）

当前随着第三卫生间不断涌现，人们在其使用过程中经常会遇到洁具不卫生、缺少无障碍设施、私密性不强、照明昏暗等现状。笔者及研究团队于2018年6月～7月通过在湖北省武汉市进行实地走访，对200位残障人士、老人、儿童及其家属的数据调研，将排名靠前的问题数据统计整理，以此开展第三卫生间空间设计的专项研究，解决这些不良现状，使其真正为人们提供优质服务。（图6-2）

6.2 第三卫生间空间设计

开展第三卫生间空间设计首先要考虑其所在的外部环境。第三卫生间从属于城市公共厕所，公共厕所空间大小直接影响第三卫生间的空间大小。住房和城乡建设部2016年9月发布的《城市公共厕所设计标准CJJ 14—2016》，将当前城市公共厕所按建筑面积大小划分为三类。一类公共厕所建筑面积为110m²～150m²，服务于火车站、飞机场、大型广场；二类公共厕所建筑面积70m²～100m²，服务于城市主次干路沿线；三类公共厕所建筑面积40m²～60m²，服务于居民生活区、企事业单位。按此分类，本文设计了三种不同大小的第三卫生间方案，方便配套使用。

6.2.1 大型第三卫生间

针对一类公共厕所或5A级旅游景点专门配备的大型第三卫生间空间设计，其建筑面积12m²～15m²。根据整体空间来布置洁具及物品的摆放位置，将大部分洁具按照使用类型排放在空间大的一侧方便人们使用，另一则放置洗手台、置物架、衣帽钩等。空间小的两侧则放置儿童安全座椅及婴儿护理台。（图6-3～图6-8）

大型第三卫生间里装配有：无障碍成人坐便器、儿童安全座椅、无障碍成人洗手池、储物架、儿童洗手台、婴儿护理台、无障碍成人小便器、儿童小便池、儿童坐便器、无障碍扶手及支架、紧急呼叫报警器等。在具备以上主要卫生洁具的同时，还配备必要辅助设施：手纸盒、马桶垫纸盒、洗手液、熏香、废纸篓、

图6-1 第三卫生间标志

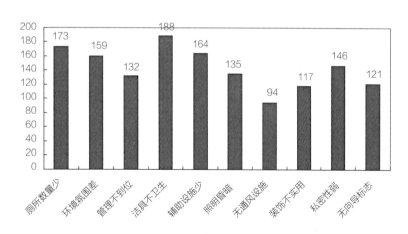

图6-2 问题数据图（单位：人）

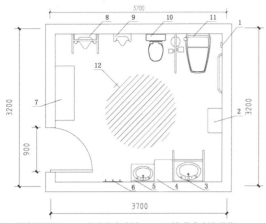

1. 紧急呼叫器　2. 儿童安全座椅　3. 无障碍成人洗手盆
4. 储物台　5. 儿童洗手池　6. 挂衣钩　7. 婴儿护理台
8. 无障碍成人小便器　9. 儿童小便器　10. 儿童坐便器
11. 无障碍成人自动换套马桶　12. 直径为1.5m的轮椅回旋余地

图6-3　大型第三卫生间平面图（单位：mm）

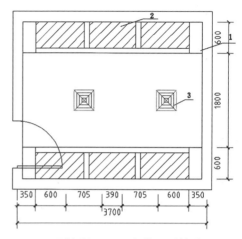

1. 天花扣板　2. LED灯带　3. 排气扇

图6-4　大型第三卫生间顶棚图（单位：mm）

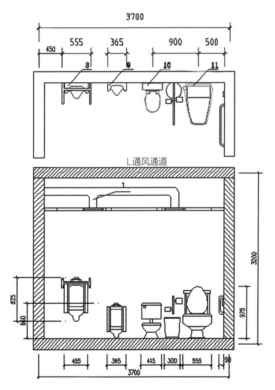

图6-5　大型第三卫生间立面图1（单位：mm）

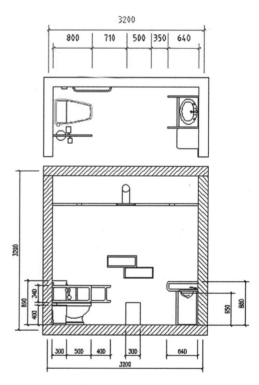

图6-6　大型第三卫生间立面图2（单位：mm）

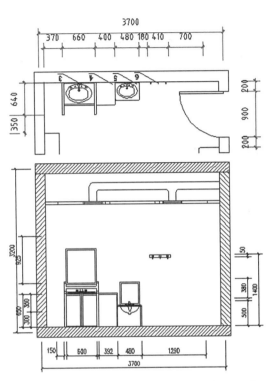

图6-7　大型第三卫生间立面图3（单位：mm）

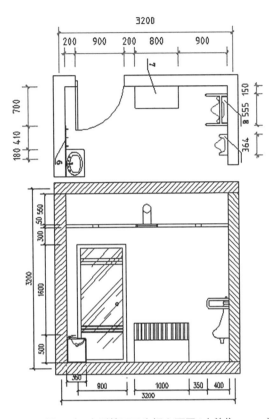

图6-8　大型第三卫生间立面图4（单位：mm）

装饰画、化妆镜、挂衣钩、照明通风等设施。

　　无障碍成人小便池及座便器分别在空间两侧形成一个大、小便的功能分区。废纸篓及卷纸正好可以放在两个座便器的中间。挂衣钩也设计成两层，其中面一层仅一米高，供那些坐轮椅或者行动不便的残疾人挂衣物。在成人的小便池、座便器、洗手池等部位安装无障碍扶手及支架，方便残障人士，体现出卫生间洁具的人性化。

　　考虑到儿童的使用需求，儿童的小便池及座便器基本都是贴地摆放，方便他们使用。单独摆放一张婴儿护理台，方便带婴儿的家庭喂奶、更换尿布。

　　从空间营造中可以看出来，由于整个空间占地面

积较大，所以内部功能非常完善。墙面和地面都使用淡雅色的瓷砖，使空间的色彩氛围整体偏暖，墙上搭配的装饰水墨画也显得比较淡雅，给使用者营造一种家的温馨感，就像在自己家里的卫生间一样。（图6-9）

6.2.2　中型第三卫生间

　　针对二类公共厕所或3A～4A级旅游景点配备的中型第三卫生间空间设计，其建筑面积7m²～10m²。根据整体空间来布置洁具及物品的摆放位置，将大部分洁具按照使用类型排放在空间长的一侧方便使用，对侧则放置洗手台、储物架等。短的一侧则放置无障碍

图6-9　大型第三卫生间效果图

小便池、婴儿护理台等。（图6-10～图6-15）

中型第三卫生间里装配有：无障碍成人座便器、儿童座便器、无障碍洗手池、无障碍成人及儿童共用小便池、可折叠婴儿护理床、无障碍扶手及支架、紧急呼叫报警器等。在配备以上主要卫生洁具的同时，还配备必要辅助设施：手纸盒、马桶垫纸盒、洗手液、熏香、废纸篓、化妆镜、挂衣钩、照明通风等设施。

由于中型第三卫生间空间相对缩小，所以在设计中取消了儿童小便池，将儿童的小便池与无障碍成人小便池合二为一，可以节约空间。儿童座便器和成人座便器仍在同侧，废纸篓及卷纸正好可以放在两个座便器的中间，方便使用。将洗手池与储物架也进行整合，洗手池下方的隔架，可以适当存放个人物品。

从空间营造中可以看出，整体色彩偏冷色调，给人的感觉是干净、素雅。加上洁白色的洁具，让使用者进入里面就会有很强的空间感。面积不但不显小，反而显得功能齐全，人性化设计合理，实用性较强。（图6-16）

6.2.3　小型第三卫生间

针对三类公共厕所、普通旅游景点、高档商场及购物中心配备的小型第三卫生间空间设计，其建筑面积5m²～6m²。根据整体空间来布置洁具及物品的摆放位置，所有的室内设施尤重实用性，"麻雀虽小、五脏俱全"。（图6-17～图6-22）

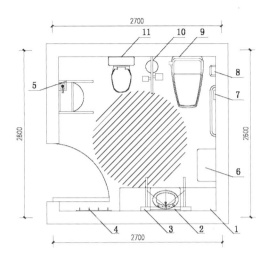

1. 储物台 2. 洗手池 3. 超薄电视机 4. 挂衣架
5. 成人儿童共用节水小便池 6. 可折叠的多功能台
7. 报警器 8. 免洗洗手液 9. 无障碍成人自动换套坐便器
10. 垃圾桶 11. 儿童自动换套坐便器

图6-10 中型第三卫生间平面图（单位：mm）

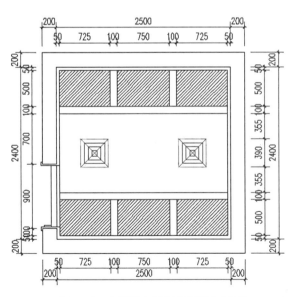

图6-11 中型第三卫生间顶棚图（单位：mm）

图6-12 中型第三卫生间立面图1（单位：mm）

图6-13 中型第三卫生间立面图2（单位：mm）

图6-14 中型第三卫生间立面图3（单位：mm）

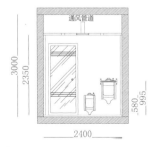

图6-15 中型第三卫生间立面图4（单位：mm）

图6-16 中型第三卫生间效果图

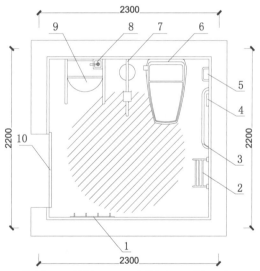

1. 挂衣架　2. 置物架　3. 无障碍扶手　4. 紧急呼叫器
5. 免洗洗手液　6. 无障碍成人自动坐换套便器
7. 垃圾桶　8. 洗手台　9. 无障碍成人儿童两用小便池
10. 单边拉门

图6-17　小型第三卫生间平面图（单位：mm）

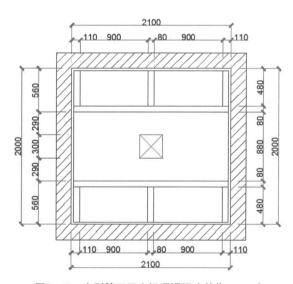

图6-18　小型第三卫生间顶视图（单位：mm）

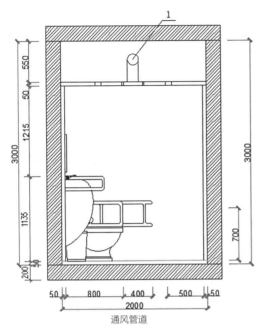

图6-19 小型第三卫生间立面图1（单位：mm）

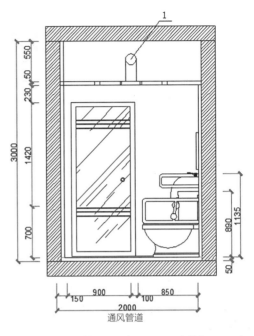

图6-20 小型第三卫生间立面图2（单位：mm）

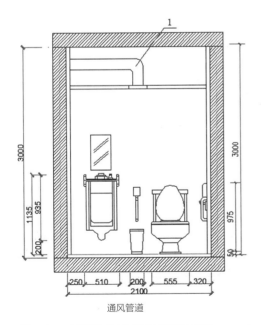

图6-21 小型第三卫生间立面图3（单位：mm）

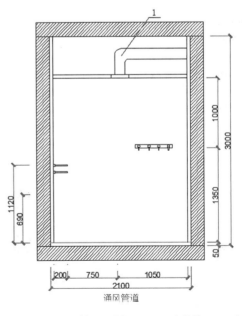

图6-22 小型第三卫生间立面图4（单位：mm）

小型第三卫生间配置有：无障碍成人座便器、无障碍洗手池与成人儿童共用小便池、可折叠婴儿护理板、储物架、单向拉门、紧急呼叫报警器等。在具备以上主要卫生洁具的同时，还配备必要辅助设施：无障碍扶手、支架、手纸盒、马桶垫纸盒、洗手液、熏香、废纸篓、化妆镜、挂衣钩、照明通风等设施。

小型第三卫生间受面积影响，在设计中将单开门更换为单向拉门，取消了儿童座便器、儿童小便池、无障碍洗手台等卫生洁具。采用无障碍成人儿童共用小便池与无障碍洗手池相结合的形式，在无障碍成人

儿童共用小便池的上方设立无障碍洗手池，使用者便后即可在上方洗手，洗手的水流通过下面连通的管道还可以冲洗便池，这样即节约空间又节省水资源。同时还在洗手池的上方安置化妆镜。为了方便儿童使用，这款小便池底部高度可按儿童小便池底部高度设置。

从空间营造中可以看出，小型第三卫生间虽然面积较小，但功能齐全。人性化的节水小便池设计，让人们在使用时会有一种全新的感受，方便且人性化的卫生设施让小型第三卫生间更具有多功能，做到最大化空间利用。（图6-23）

图6-23　小型第三卫生间效果图

6.3 第三卫生间的设计特性

第三卫生间空间设计的服务对象是老弱病残孕、婴幼儿及其家庭。这些都不能按常规的公共厕所设计方法进行，通过对以上第三卫生间空间设计案例进行分析，可以总结得出以下四个设计特性，为今后提供借鉴。

6.3.1 安全性设计

安全性对任何设计都是必不可少的伦理要求，但作为第三卫生间空间设计，这点尤为关键。因为第三卫生间的设立出发点就是为弱势群体及其家庭服务，从使用者的角度进行安全性设计是必备基础。第三卫生间的安全设计主要体现在结构安全、形态安全、心理安全。

结构安全设计，结构是功能的物质载体，结构的安全设计涉及整个第三卫生间的使用周期、整体稳定性，是长期可用、耐用的保障。结构安全设计包括两个方面：空间结构的安全设计、卫生洁具结构的安全设计。空间结构的安全设计主要体现在方形的第三卫生间空间结构，因为方形结构稳定又最大化利用空间，还便于清洁维护；卫生洁具结构的安全设计主要体现在卫生洁具核心结构的稳定性，第三卫生间的大部分卫生洁具的外置结构都带一些辅助支撑功能，外部材质质感偏软，但核心结构必须稳定，杜绝安全事故隐患。

形态安全设计，第三卫生间只有在人们视觉安全前提下的形态设计，才能打动用户去体验使用。形态安全设计包括3个方面：形状的安全设计、色彩的安全设计、质感的安全设计。形状的安全设计主要通过卫生洁具的无障碍造型体现出来，如无障碍的小便池、坐便器、洗手池等；色彩的安全设计主要通过室内色彩营造的温馨氛围体现出来，如清晰淡雅的地面墙面顶棚、明亮的灯光等。质感的安全设计主要通过材料的选取体现出来，如防滑地砖、坚固扶手、耐用设施等。

心理安全设计，用户在使用第三卫生间的过程中，心理安全是不可忽视的重要内容。心理安全设计包括两个方面：私密性设计、紧急求救设计。第三卫生间的私密性设计较好处理，因为自身就是一个单独闭合的空间，只有陪护家属才能一同进入；紧急求救设计可以通过室内安置的紧急呼叫报警器，联系医疗部门将身体出现不适的人员尽快送往邻近医院。

6.3.2 功能性设计

第三卫生间以功能为主导，不仅要实用，而且还要适用。这是由于第三卫生间的空间面积并不大，所以其内部每项设施都需物尽其用，并且根据空间大小而进行增减调整。

通过表6-1可以看到，在大型第三卫生间的空间设计中，由于面积较大，成人卫生洁具、儿童卫生洁具、婴儿卫生洁具等各种设施齐全、功能完善。在中型第三卫生间的空间设计中，由于面积缩小，去掉了儿童小便池、儿童穿衣镜。将成人、儿童小便池合二为一，将洗手池与储物架合二为一，这使得一个设施同时具备2种功能。在小型第三卫生间的空间设计中，由于面积更小，去掉了成人洗手池、儿童坐便器、儿童小便池、儿童穿衣镜、婴儿护理床。将成人洗手池、成人小便池、成人化妆镜三者有机结合成为一体，使一个设施同时具备3种功能，增设可折叠婴儿护理板。

通过表6-2，可以看到在大中小型第三卫生间都要布置常备的各类辅助设施，为弱势群体如厕尽量提供方便。

目前第三卫生间的空间功能设计应提倡对儿童、老年人、残疾人的卫生洁具共用性的设计理念，设计的着眼点在于让社会上更多的弱势群体感受到这个世界的温暖。

主要功能设施表			表6-1
	大型 第三卫生间	中型 第三卫生间	小型 第三卫生间
紧急呼叫报警器	●	●	●
成人无障碍坐便器	●	●	●
成人无障碍小便器	●	●	●
无障碍扶手、支架	●	●	●
成人无障碍洗手池	●	●	
成人化妆镜	●	●	
儿童坐便器	●	●	
儿童小便池	●		
儿童洗手池	●		
儿童穿衣镜	●		
婴儿护理床	●	●	
婴儿护理板/架	●		●

注：●表示有该项设施

辅助功能设施表			表6-2
	大型 第三卫生间	中型 第三卫生间	小型 第三卫生间
手纸盒	●	●	●
马桶垫纸盒	●	●	●
洗手液	●	●	●
熏香	●	●	●
废纸篓	●	●	●
化妆镜	●	●	●
挂衣钩	●	●	●
装饰画	●	●	●

注：●表示有该项设施

6.3.3 多样性设计

第三卫生间的服务对象来源于老年人、残疾人、孕妇、儿童、婴幼儿及陪护家属，就这决定了用户群体的多样性，针对多样化人群就必须提供多样化的服务，满足各种不同需求。所以进行多样性设计是第三卫生间空间设计的主要内容。

第三卫生间在现实使用过程中主要有以下几种情况：女儿协助老父亲，儿子协助老母亲，母亲协助男童，父亲协助女童，夫妻间一方或双方都是残疾人需协助，携带婴儿外出。这就要求设计师必须在同一空间中，构建多样性设计。

第三卫生间多样性设计可以分为3种。构建无障碍坐便器、小便器、洗手池的空间设计，可以解决针对女儿协助老父亲、儿子协助老母亲、夫妻间一方或双方都是残疾人需一起协助上卫生间的情况。构建儿童坐便器、小便器、洗手池的空间设计，可以解决母亲协助男童、父亲协助女童上卫生间的情况。构建婴儿床、婴儿护理台、储物架的空间设计，可以解决婴儿外出更换尿布或母乳喂奶的需求。

开展多样性设计，不仅满足用户的各种需求，而且与传统男女型公共卫生间的呆板僵化相比，第三卫生间的多样性设计使其充满活力，最大化发挥自身能量。

6.3.4 舒适性设计

第三卫生间的舒适性设计主要体现在提供单独的卫生空间、舒适的卫生洁具、明亮的照明环境、家庭般的氛围营造。

第三卫生间是一个单独的空间，方便弱势人群及家庭单独使用，虽然面积不大，但会让人们产生安全感、可以得到放松。舒适的卫生洁具、无障碍设施可以方便人们体验使用，享受到如厕带来的舒适。明亮的照明氛围，可以为室内空间提供充足的光线，便于人们使用各种功能设施。整个家庭环境般的氛围营造，淡雅清晰的室内色调、墙上搭配的装饰画、洗手台旁点燃的熏香，都会给人们一种家的温馨，就像在自己家里的卫生间一样。

开展舒适性设计可以使第三卫生间的空间最大限度地体现实用价值和审美价值，满足人们生理卫生和审美心理的需要，创造良好的用户体验，达到使用功能和审美功能的有机统一。

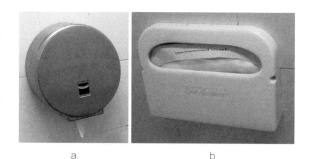

6.3.5 陪护性设计

第三卫生间除了给老弱病残孕及婴幼儿提供服务外，还必须考虑陪护家属的使用感受。开展家属陪护卫生设施设计主要分为辅助设施设计、储物设计、休息设计。根据对陪护家属调研分析后，得出所需的卫生设施需求明细，见表6-3。

图6-24　辅助卫生设施实景

家属陪护卫生设施需求明细　表6-3

辅助设施	储物设施	休息设施
手纸盒、马桶垫圈纸盒、废纸篓、洗手液、化妆镜、烘干机、布帘隔断、电源插孔、烧水壶	储物柜、储物架、储物袋、储物盒	迷你小沙发、小茶几、可折叠座椅、画报期刊、液晶显示屏

①辅助设施设计

腿脚不便的老年人、残疾人及婴幼儿使用第三卫生间时，可以由家属陪护进行方便。这时第三卫生间就需要有足够的陪护空间，方便陪护者同时进出使用。辅助设施主要分为：手纸盒、马桶垫圈纸盒、废纸篓、洗手液、化妆镜、烘干机、布帘隔断、烧水壶等设施。手纸盒可分为卫生手纸盒和擦手纸盒（图6-24-a）。马桶垫圈纸是指包裹坐便器垫圈上的一次性纸套，每次使用时套上便可（图6-24-b）。洗手液、化妆镜、烘干机可以和洗手池组合布置，方便使用（图6-24-c）。

废纸篓主要用来收集废弃手纸、马桶垫圈纸的专用设施。布帘隔断能够给用户提供私密空间，拉起时可以提供个人隐私保护（图6-24-d）。提供电源插孔可以帮助人们给电子设备充电，提供烧水壶为携带婴幼儿的父母泡奶粉和换洗尿布提供便利。

②储物设计

储物功能是第三卫生间的亮点。第三卫生间的服务对象是老弱病残孕幼及陪护家属，服务人群的多样性决定了它应具有完善的储物功能，帮助用户安心存放个人物品，例如轮椅、拐杖、婴儿车等。储物设施主要有储物柜、储物架、储物袋、储物盒。储物柜的功能齐全，但所需空间较大，一般依墙而建或镶嵌在墙体内。储物架、储物袋适合在面积不大的第三卫生间中布置，可设置在墙壁或隔断上，布局灵活多样。储物盒可随第三卫生间空间布置自由组合摆放，方便用户使用。

③休息设计

第三卫生间休息设施主要是为陪护家属提供休息服务。在进行休息设计中，可布置迷你小沙发、小茶几、可折叠座椅、画报期刊、液晶显示屏等。当第三卫生间空间较大时，可提供迷你小沙发给家属休息，迷你小沙发的造型随空间大小可选择单人式或双人式，同时搭配小茶几，并在茶几上放置画报期刊供家属观看。当第三卫生间空间较小时，可提供折叠座椅供人使用。还可为等候的家属提供液晶显示屏，播放卫生宣传片，促进城市卫生文明宣传。

家属陪护卫生设施设计是衡量一座第三卫生间设施完善的重要体现，只有功能完善的第三卫生间才能真正发挥价值。但也要注意，第三卫生间家属陪护卫生设施以实用性为主，反对铺张浪费、华而不实的装饰。

6.4 第三卫生间的设计意义

第三卫生间的设立是当代文明发展的产物，人类在设计与建造公共卫生间的历史过程中，先后设立了男卫生间、女卫生间、儿童卫生间、无障碍卫生间、移动卫生间、生态卫生间、"互联网+"卫生间等，今天专门供老弱病残孕幼及家属陪护使用的第三卫生间也应运而生，充分说明了时代的进步。当前开展第三卫生间的卫生设施设计就要将人性化、细致化、多样化的用户需求交融结合，这是当代人生活方式的真实表露，也是家庭亲情的重要体现。通过对第三卫生间的婴幼儿卫生设施设计、无障碍卫生设施设计、家属陪护卫生设施设计的具体探讨，期望能为今后第三卫生间的卫生设施建造提供借鉴。[1]

---

① 日本厕所协会网，http://www.toilet-kyoukai.jp/news/event/b3/detail_03134.html.

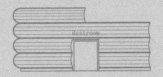

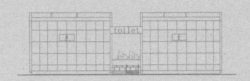

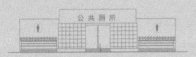

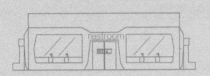

第 7 章

基于"海绵城市"构建的
公共厕所生态设计

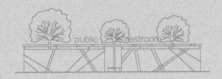

2015年10月，国务院办公厅印发《关于推进海绵城市建设的指导意见》，指出要统筹发挥自然生态功能和人工干预功能，有效控制雨水径流，实现自然积存、自然渗透、自然净化的城市发展方式，将城市建设成具有吸水、蓄水、净水和释水功能的海绵体，促进人与自然和谐发展①。在这种大环境下，作为城市配套服务设施的公共厕所，进行生态设计也势在必行。2016年3月，国家旅游局主办的全国公共厕所技术创新大赛暨论坛中明确指出，当前应运用生态环保的新材料、新技术来解决城市公共厕所在恶劣的自然环境中，能够自给自足，同时不造成环境污染，并提供给人们一个舒适的绿色公厕。

近些年相关研究观点：俞孔坚等（2015年）提出了"海绵城市"理论与实践的总体思想方针②。许春丽（2017年）根据绿色建筑的含义，分析了绿色公厕的设计要点，并从生态墙体、通风保温、节水系统、绿化等方面，阐述了绿色公厕的设计方案，有利于为人们营造出卫生、便捷、舒适、健康的如厕空间。刘新等（2018年）力图从生态设计的视角，并基于中国传统文化的大智慧，阐述为什么要进行"厕所革命"、生态型厕所设计的基本理念、系统创新的研究内容与方法；以及清华大学美术学院协同创新生态设计中心，基于他们在生态型公共厕所设计中的一些案例研究与实践，提出指向可持续发展的公共厕所设计原则等。

本章涉及雨水收集、水资源分类分级、水循环、太阳能、风能、控制恶臭、可移动、排泄物低碳处理等清洁能源方法在城市公共厕所的生态设计中的应用，使公共厕所在缺水或无水的条件下、无电的环境中，能够正常使用，同时形成恶臭控制措施、排泄物及其他污染物的有效处理与低碳排放方案、有效资源循环再利用等。（图7-1）

进行城市公共厕所的生态设计研究不仅解决了人们在户外活动时的生理需求，同时更也节约了城市的

图7-1　公共厕所生态设计构架图

有限能源，使公共厕所成为绿色生态的城市公共服务设施，通过城市公共厕所的生态设计，也为"海绵城市"的建造及发展提供有利的支撑基础。

7.1　以绿色生态的外形设计提升城市公共厕所的形象

传统的公共厕所在外形设计上一般都是中规中矩，辨识度不高且缺乏美感。如果能将公共厕所设计成生态节能的公共艺术空间，一方面方便人们识别；另一方面，绿色生态的厕所能够为建筑提供能量，缓解城市的环境资源压力。

7.1.1 "绿巢"公共厕所设计

"绿巢"公共厕所是一个富有想象力的公共厕所③，

---

① 国办发〔2015〕75号，国务院办公厅关于推进海绵城市建设的指导意见.
② 俞孔坚，李迪华，袁弘，傅微，乔青，王思思."海绵城市"理论与实践［J］. 城市规划，2015（6）：26-36.
③ "绿巢"公共厕所、房车移动公共厕所、胶囊移动公共厕所、眼镜公共厕所为作者及指导学生团队设计案例.

它力图将节能、节水、可移动等绿色环保的设计理念运用到建筑设计中，其特点就是将太阳能电池的应用、雨水收集系统与建筑空间造型紧密结合，同时在建筑之间穿插树木绿植，虽为人工环境系统，却又能融入城市的生态系统之中。

"绿巢"厕所占地面积308m²，长22m、宽14m，是一座大型生态公共厕所基地。整座建筑由男、女卫生间，第三卫生间、洗手化妆间、移动厕所车库、景观连接区等组成。采用生态环保的绿色植物、绿化带、太阳能电池板等设施，能够形成自给自足的公共厕所。

其中男厕所设置8个小便池、6个蹲位间；女厕所设置10个蹲位间；第三卫生间设置3个独立无障碍卫生间；洗手化妆间设置14个洗手池、化妆镜、休闲座椅、储物台；移动厕所车库设置2个车位，能够停靠2台移动厕所车，每车提供3个独立的蹲位间。

其中建筑屋顶和外墙设置太阳能电池板，以便充分吸收能量。屋顶凹槽设置雨水收集管道以便收集自然水资源冲洗厕所粪便。"绿巢"厕所能够满足大型户外场所日均5000人次需求。（图7-2～图7-14）

图7-2 绿巢公厕鸟瞰图

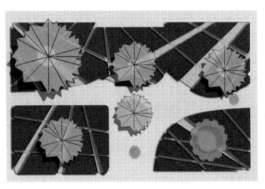

图7-3 绿巢公厕顶视图

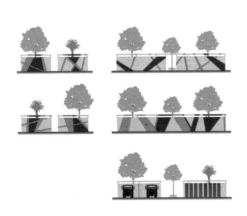

图7-4 绿巢公厕效果图

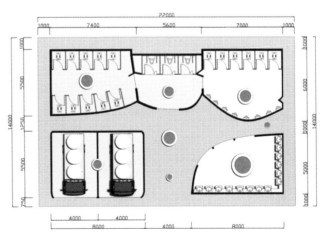

图7-5 绿巢公厕内部平面图（单位：mm）

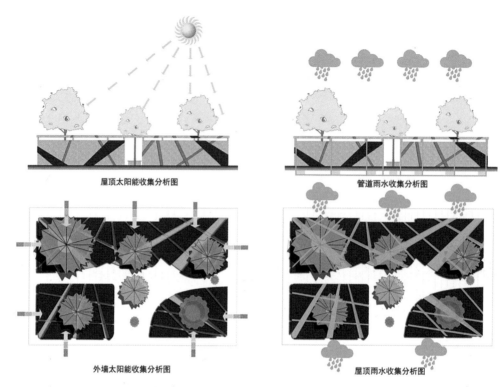

屋顶太阳能收集分析图　　　　　　　管道雨水收集分析图

外墙太阳能收集分析图　　　　　　　屋顶雨水收集分析图

图7-6　绿巢公厕生态分析图

小便池8个	
蹲便间6个 → 男卫生间	①
休闲座椅1组	
	④ 洗手化妆间 → 洗手池14组 / 化妆台14组 / 休闲座椅1组
蹲便间10个 → 女卫生间	②
休闲座椅1组	
	⑤ 移动厕所车库 → 移动厕所车位2个 / 移动厕所汽车2台
无障碍坐便器	
无障碍小便池 → 第三卫生间	③
无障碍洗手台	（3间独立）
	⑥ 景观连接区 → 景观树木7组 / 外墙绿化带50组 / 休闲座椅4组

绿巢厕所系统构架图

图7-7　绿巢公厕系统构架图

图7-8　绿巢公厕内部鸟瞰图

图7-9　绿巢公厕洗手池效果图

图7-10　绿巢公厕女厕效果图

图7-11　绿巢公厕男厕效果图

图7-12　绿巢公厕蹲位间效果图

图7-14　绿巢公厕移动厕位效果图

图7-13　绿巢公厕景观通道效果图

7.1.2 "斗笠"公共厕所设计

斗笠节水公共厕所的特异造型设计让人们对这个公

厕过目难忘[①]，并且在公共厕所的斗笠形屋顶设置蓄水装置，既解决了储水容器和屋顶隔热，又可以把雨水收集起来，让雨水资源能够继续使用。（图7-15~图7-17）

图7-15　"斗笠"公厕效果图

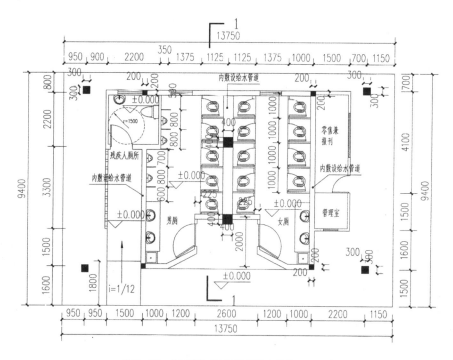

图7-16　"斗笠"公厕平面图（单位：mm）

---

① 斗笠节水公共厕所、货车移动公共厕所、圆环式公共厕所为2011世界厕所设计大赛获奖案例。

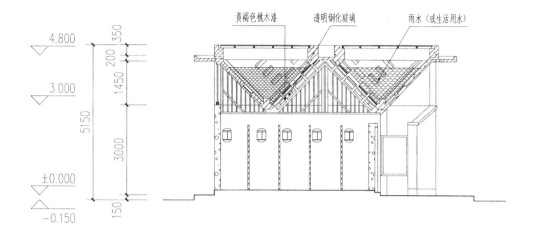

图7-17 "斗笠"公厕剖面图（单位：mm）

7.1.3 严寒旅游景区生态化厕所设计

太阳能环保型公共厕所的外观造型突破了人们对公共厕所必须四四方方的刻板印象[1]，在其屋顶处设计了一组太阳能电池板方便太阳能的收集，同时在屋顶两边设置风力发电机方便风能的收集，为公共厕所提供源源不断的电力，使其能够自给自足。

以上三种不同设计案例，使城市公共厕所的外观发生了改变，让人们容易识别、方便使用。设计师将绿色生态的设计手法运用到城市公共厕所设计中，使城市公共厕所不仅可以给人们带来方便，同时也节约了城市的水力、电力资源，让公共厕所设施成为一个自给自足、循环利用的生态系统。（图7-18）

图7-18 严寒旅游景区生态化厕所设计[2]

---

① 严寒旅游景区无水生态化厕所、诗画江南旅游厕所为第一届全国旅游厕所设计大赛获奖作品。
② 北京大学旅游研究与规划中心. 旅游规划与设计：旅游厕所 ［M］. 北京：中国建筑工业出版社，2015.

7.2　改进卫生洁具设计提升城市公共厕所的节能性

城市公共厕所能够在外观上绿色环保只是走出了公共厕所生态设计的第一步，厕所洁具的清洁卫生和降低能源消耗是人们更为关注的问题。城市公共厕所的干净卫生一方面需要加强清洁管理，另一方面在设计上也应该重点考虑加强卫生洁具的节能环保设计。事实上，改进卫生洁具的细节设计就可以改善公共厕所的卫生环境，同时还能节约环境资源。现在有很多城市公共厕所已经做到了这一点，比如蹲便器的冲水系统采用感应式或者脚踏式，洗手池的水龙头淘汰手拧式更换为感应式等，都可以最大限度地减少水资源的浪费。设计师还可以在卫生洁具设计的细节方面探索更多的改良。

7.2.1　节水小便池设计

把洗手池安放到男士小便器的上方，两者可形成一个整体。当使用者小便后，可以通过上面的感应水龙头洗手，洗手的水顺着倾斜的玻璃板流到下面的小便池中，又可以将小便冲洗到下水道中。在小便池两侧设立挡板，防止小便溅到地面上。在洗手池上方设立侧挡板，防止水花四溅。这样一些微小的改动，就可以达到清洁卫生又节约用水的双重效果。这个节水型小便池设计，巧妙地将公共厕所的洗手用水与冲洗便池用水合二为一，无形中降低了公共厕所的水资源消耗。（图7-19）

7.2.2　节水无障碍小便池设计

把洗手池安放到无障碍男士小便器的上方，两者可形成一个整体。当使用者小便后，可以通过上面的感应水龙头洗手，洗手的水顺着倾斜的陶瓷板流到下面的小便池中，又可以将小便冲洗到下水道中。同时在洗手池旁设立无障碍支架，协助行动不便人士进行小便、洗手。（图7-20）

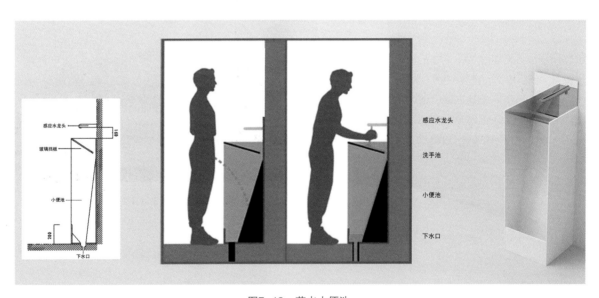

图7-19　节水小便池

图7-20 节水无障碍小便池

7.3 设计移动便利的城市公共厕所节约城市占地空间

城市是一个不断变化的有机体,城市的规划往往会跟不上城市发展的脚步,对于城市的公共厕所设施也是如此。现如今由于许多公共厕所都是钢筋混凝土结构,公共厕所相对固定,由于历史规划不合理或者城市的巨大变化而失去其本该发挥的作用,造成了巨大的浪费。同时在城市中,许多新兴景区、街道又因人流量巨大,使其公共厕所不能满足日益增加的人群使用要求。随着城市的快速发展,土地资源日渐紧张,公共厕所的传统造型必然要发生变革。通过改变传统固定的建筑形式,根据人群的流动性,将固定的公共厕所设计成方便移动的公共厕所,为人们提供便利。

7.3.1 房车移动厕所设计

该项目为房车移动厕所设计,主要为老弱病残孕及婴幼儿等人群提供公共厕所服务,同时也能兼顾正常人群的公共厕所服务。设计创意来源于旅行房车改造,当前我国的汽车文化已经大众普及,今后新兴的房车也会越来越多,所以将房车改造成生态移动厕所能为更多人群提供帮助,也可美化家园环境、增进我国城市的综合竞争力。

此方案全长16.3m,高3.1m,宽2.4m、拓展后宽4.2m,占地面积为39.1m²、拓展后占地面积为68.4m²,近似一座小型城市公共厕所的使用面积。厕所内提供6座无障碍小便池、4座无障碍坐便器、7座无障碍洗手池、1条无障碍通道、1条无障碍台阶、4套母婴卫生设施、4个急救按钮、4间拓展后形成的第三卫生间。

此方案由大马力皮卡汽车、主车体移动厕所、后挂粪便回收车,三个部分组成。设计创新主要体现在依靠主车体蓄粪池和后挂粪便回收车来解决户外无下水管道、排泄物及其他污染物体的排放等问题;依靠主车体1.5吨储水箱解决无水或缺水问题;依靠主车体12块太阳能电池板和1座充电箱解决无电供应问题;由房车改装的公共厕所能够适应旅游活动季节性、流动性问题;由房车顶部的换气设施为室内公共厕所提供清晰的户外空气。(图7-21~图7-29)

7.3.2 胶囊移动厕所设计

将大拖车的车厢改造成一个胶囊移动厕所,其中在拖车头设置水箱、车厢顶设置换气系统、车厢中间设置无障碍楼梯。车厢为胶囊造型,外观采用红白色,男士使用白色区域、女生使用红色区域,直观易懂、方便识别。通过拖车的运输,将固定的公共厕所转换成移动的,灵活布置到人群密集的区域,如新建的景区、城市广场、商业街道等处。(图7-30,图7-31)

图7-21 房车移动厕所鸟瞰图

图7-22 房车移动厕所分解效果图

满足生态节能构架图

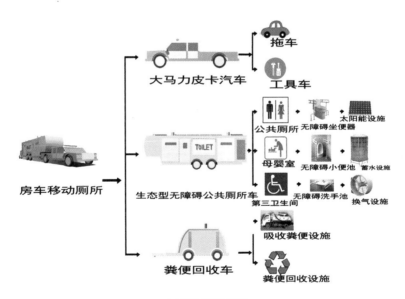

房车移动厕所构架图

图7-23 房车移动厕所系统构架图

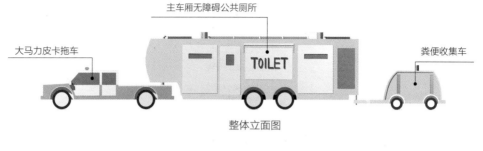

主车厢无障碍公共厕所

大马力皮卡拖车

粪便收集车

TOILET

整体立面图

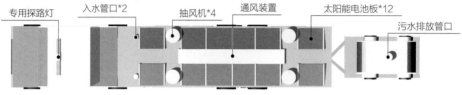

专用探路灯　入水管口*2　抽风机*4　通风装置　太阳能电池板*12

污水排放管口

整体平面图

图7-24　房车移动厕所平面效果图、立面效果图

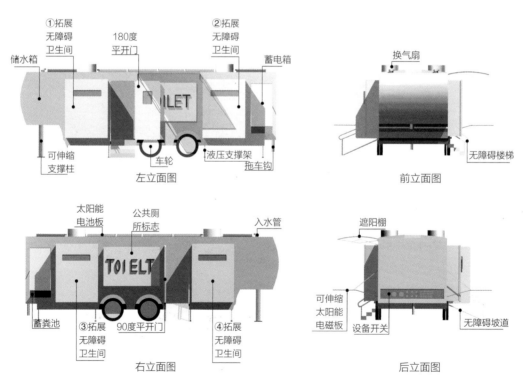

①拓展无障碍卫生间　　180度平开门　　②拓展无障碍卫生间

储水箱　　　　　　　　　　　　　　　　　蓄电箱

TOILET

可伸缩支撑柱　　车轮　　液压支撑架　　拖车钩

左立面图

换气扇

无障碍楼梯

前立面图

太阳能电池板　　公共厕所标志　　入水管

TOIELT

蓄粪池　　③拓展无障碍卫生间　　90度平开门　　④拓展无障碍卫生间

右立面图

遮阳棚

可伸缩太阳能电磁板　设备开关　　无障碍坡道

后立面图

图7-25　房车移动厕所主车厢外立面效果图

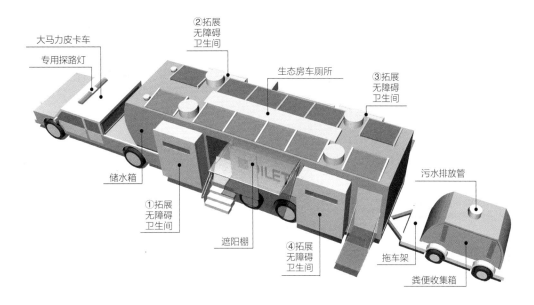

图7-26 房车移动厕所车厢外观分析图

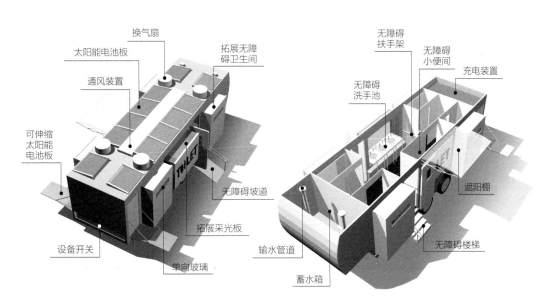

图7-27 房车移动厕所车厢内部分析图

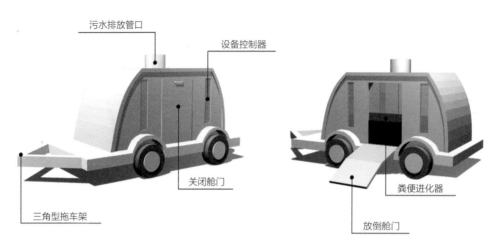

图7-28　房车移动厕所粪便收集车分析图

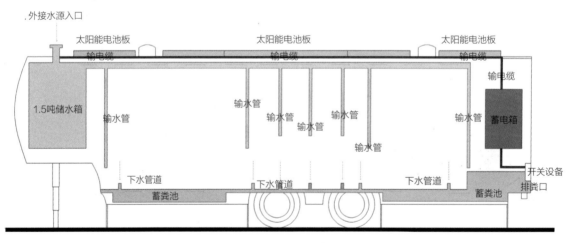

图7-29　房车移动厕所车厢水电分析图

　城市公共厕所的优化设计

图7-30 胶囊移动厕所效果图

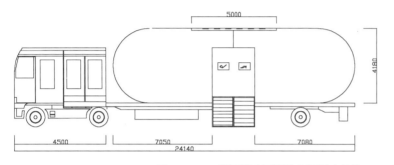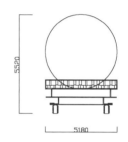

图7-31-a 胶囊移动厕所外立面图（单位：mm）

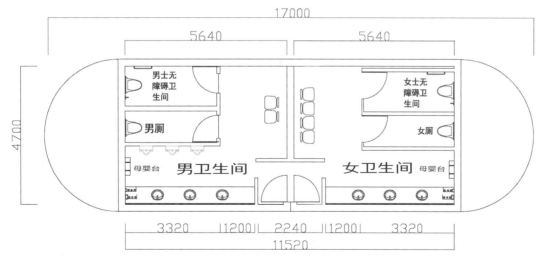

图7-31-b 胶囊移动厕所平面图（单位：mm）

7.3.3 货车移动厕所设计

将大货车的车厢改造成一个公共厕所,其中在车头设置水箱、车顶设施太阳电池板和换气系统、车厢中间设施一个拓展空间(方便弱势群体使用)、一个无障碍坡道。通过货车的行驶,将太阳能进行收集产生能量,又可以解决人们的燃眉之急,还可以解决固定公共厕所带来的土地资源浪费。(图7-32~图7-35)

通过以上设计案例,将移动便利、组合灵活的公共厕所布置到城市当中,即可解决人们上厕所难的问题,又可缓解城市建设所需的土地资源压力。

图7-32　货车移动厕所效果图

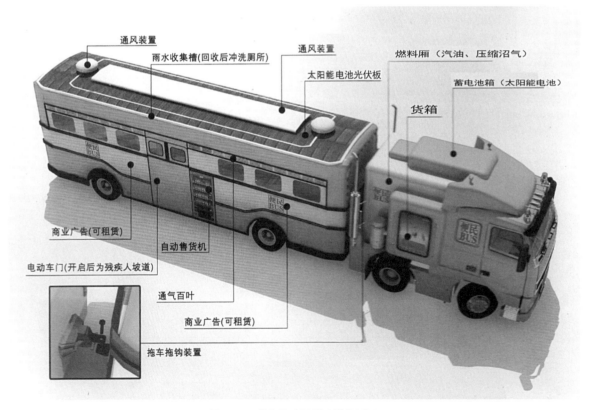

图7-33　货车移动厕所功能分析图

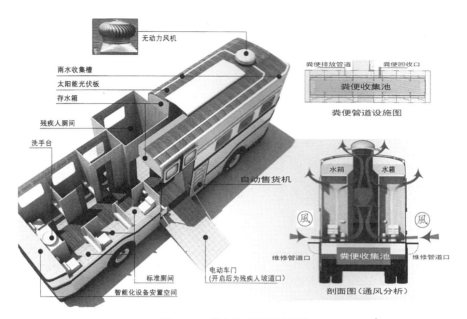

无动力风机

雨水收集槽
太阳能光伏板
存水箱

残疾人厕间

洗手台

自动售货机

电动车门
（开启后为残疾人坡道口）

标准厕间

智能化设备安置空间

粪便排放管道　粪便回收口

粪便收集池

粪便管道设施图

水箱　水箱

风　风

维修管道口　粪便收集池　维修管道口

剖面图（通风分析）

图7-34　货车移动厕所解析图

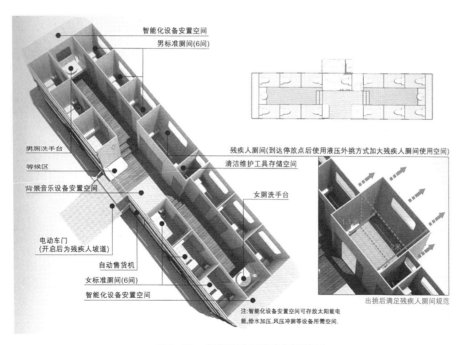

智能化设备安置空间
男标准厕间(6间)

男厕洗手台

等候区

背景音乐设备安置空间

电动车门
（开启后为残疾人坡道）

自动售货机

女标准厕间(6间)

智能化设备安置空间

残疾人厕间(到达停放点后使用液压外挑方式加大残疾人厕间使用空间)

清洁维护工具存储空间

女厕洗手台

出挑后满足残疾人厕间规范

注：智能化设备安置空间可存放太阳能电能、给水加压、风压冲厕等设备所需空间。

图7-35　货车移动厕所内部设施图

7.4 增加城市公共厕所的环境亲和力

城市公共厕所作为人们方便的场所，其外观应具有亲和力。将公共厕所融入周围的城市景观中，还能创造一定的环境价值。设计轻巧的公共厕所外观造型和通透的使用空间，使得城市公共厕所的体量感有所减小，并且对环境的压力也能降低，从而不再使公共厕所成为角落建筑，而使其成为城市景观中的一员。

7.4.1 眼镜公厕设计

采用眼镜造型设计的公共厕所外观，让人感到亲切，一下拉近了厕所与人们的距离。眼镜颜色为橙黄色，与厕所外墙的蓝色瓷砖形成色彩对比。眼镜框的下方设置洗手池方便洗手，眼镜架的下方设置休闲座椅方便等候。整座厕所长10.7m、宽7.5m、高4m，建筑地面积80.2m²，接近中型城市公厕面积。内部设置有：男、女卫生间，设备间，清洁间，管理室。男卫生间配备：2个蹲位间、1个无障碍卫生间、4个洗手池、4个小便池。女卫生间配备：5个蹲位间、1个无障碍卫生间、4个洗手池。（图7-36，图7-37）

7.4.2 诗画江南旅游公厕设计

诗画江南旅游公厕将苏州深厚的古典园林文化、建筑风格清新典雅、环境营造意境融入到厕所设计中。在厕所外墙设计上延续苏州固有的建筑语言，采用了白墙灰瓦的材质，在这个基础上融合了一些现代的建筑语言，彰显地域特色。在厕所室内装饰上，采用江南小清新的装修风格，简洁大气，注重人性化设计。此厕所建筑面积101m²，其中男厕面积30m²，女厕所面积43m²，残疾人卫生间面积9m²，管理用房面积10m²，公共空间面积9m²。（图7-38，图7-39）

7.4.3 圆环公厕设计

圆环式公共厕所分为四个建筑单元，其中两个是一般人使用的公厕，另外两个卫生单元分别为无障碍使用间和母婴使用间，这样满足了不同人群对公共厕所的使用需求。每个厕所里都包含了一个景观空间，使得如厕的人们在使用时还能享受到周边景观，从而调节自身的心情。将建筑与景观同时结合，也能提高公共厕所的品味。另外在圆环式建筑的

图7-36 眼镜公厕效果图

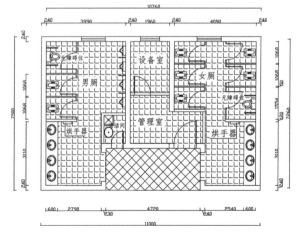

图7-37 眼镜公厕平面图（单位：mm）

图7-38 诗画江南旅
游公厕效果图①

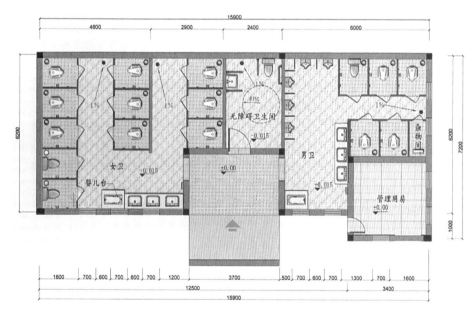

图7-39 诗画江南旅
游公厕平面图（单位：
mm）②

① 北京大学旅游研究与规划中心. 旅游规划与设计：旅游厕所［M］. 北京：中国建筑工业山版社，2015.
② 北京大学旅游研究与规划中心. 旅游规划与设计：旅游厕所［M］. 北京：中国建筑工业出版社，2015.

图7-40　圆环公厕设计

周边空闲区域设置一些休息座椅，方便在外面等候的人们。

　　通过这些案例设计，使厕所几乎可以与周边环境融为一体，厕所内外均使人轻松自在。这也无形中提升了城市公共厕所的亲和力，使城市公共厕所成为人们乐意去的公共场所。（图7-40）

7.5　开展城市公共厕所的生态设计意义

　　公共厕所生态设计服务对象始终是人，其生态设计的基本特征也是与自然生态、人类的需求高度融合，充分表现人类的智慧、情感和文化。城市公共厕所的生态设计承载了人们的生理需要，也节约了社会资源，保护了城市的生态环境。现阶段进行城市公共厕所的生态设计是十分重要的，它可以改善人们的如厕环境，提高人们生活的幸福指数，让那些使用过的人感受到良好的城市公共厕所环境。城市公共厕所的生态设计普及也能节约城市的环境资源，带动城市的经济发展，提高城市的综合竞争力。

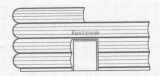

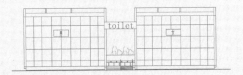

第 8 章

基于用户调研的移动
厕所设计

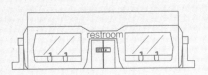

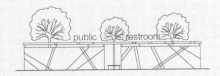

基于用户调研的方式下探索移动厕所的设计模式。通过问卷调研法和访谈法对移动厕所用户进行体验数据分析，根据用户调研结果设计出生态房车厕所、模块化移动厕所、集装箱厕所、3D打印厕所4种不同移动厕所作为案例。理论归纳出灵活机动性、科技进步性、人文关怀性、生态环保性等4种移动厕所设计特性。当前开展移动厕所设计是顺应时代发展的需要，方便人们绿色出行，促进城市文明发展，并为城市环卫行业建设提供有效借鉴。

移动公厕因可移动性而得名，相对于传统固定厕所，其优势明显。移动公厕外形结构轻巧、可自由搭配颜色，适用于旅游景区、商业街道、车站码头、城市广场、大型工地等人口密集的公共场所[①]。本章从用户调研现状调研入手，对移动厕所设计案例进行探讨，针对移动厕所设计特性梳理等方面展开论述，为移动厕所的建造推广提供有益借鉴。

8.1 用户现状调研

本次移动厕所的现状调研主要通过用户调研的方式来进行，通过问卷调研法、访谈法，收集了一定量用户调研数据，并梳理汇总形成用户调研结果。

8.1.1 问卷调研法

作者及研究团队于2018年8月～10月对湖北省武汉市武昌地区进行实地调研。通过对关山荷兰风情园、光谷步行街、武昌火车站的移动厕所进行实地调查，并从中选取200位受访者进行问卷调研，可以了解不同用户对移动厕所的体验度与接受度。关山荷兰风情园是一座开放式、公益性公园，主要为周边居民提供游玩健身的户外场所；光谷步行街是一座现代化购物中心，由法国风情街、德国风情街、意大利风情街、西班牙风情街等组成，是武昌地区主要的购物休闲集散地；武昌火车站是武汉地区的铁路运输中心，为南来北往的人提供候车的重要休息场所。以上三个地区都属于综合性区域，其客源类型广泛，有助于研究人员掌握不同人群对移动厕所的态度和需求，从而提供普适性建议。

本次问卷调查法主要由调研对象数据分析、体验数据分析两个部分组成。调查问卷共发放200份，收回有效问卷192份。其中调研对象数据分析分为男女用户数量、用户年龄阶段数量、用户受教育程度数量、用户职业分布数量等4个部分。（图8-1～图8-2）

体验数据分析分为用户接受度、用户满意度、用户期望度、建议产品改进度等4个方面（图8-3，图8-4）。

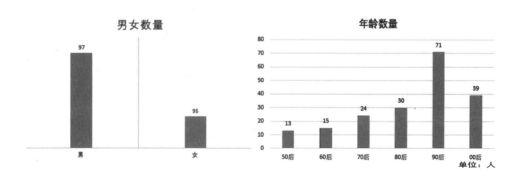

图8-1 用户性别、年龄数据分析

---

① 李竹. 厕所革命[M]. 桂林：广西师范大学出版社，2019：67-75.

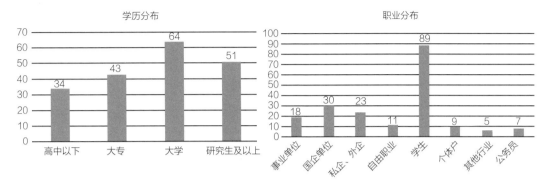

图8-2　用户学历、职业数据分析

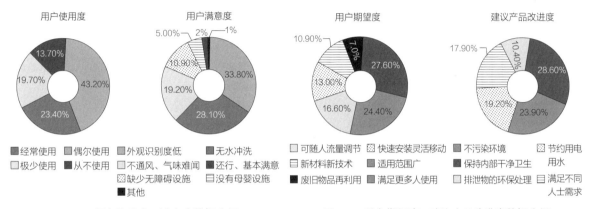

图8-3　用户使用度、满意度数据分析　　　　图8-4　用户期望度、建议产品改进度数据分析

8.1.2　访谈法

作者及研究团队于2018年11月~12月对湖北省武汉市武昌地区移动厕所的使用者进行访谈,通过面对面采访、电话访谈、网络聊天等形式,分别选取60后、70后、80后、90后用户各一名,进一步了解用户对移动厕所的使用感受(表8-1~表8-4)。

60后出租车司机访谈表　　　　　　　　　　　　　　　　　表8-1

	性别	男	年龄	56	学历	高中	职业	出租车司机
图8-5　用户1	用户调研	由于职业关系,用户基本对整个武昌城区的路面情况都十分了解,当前移动厕所在武昌城区数量较少,偶尔可以在火车站、汽车站、公园、广场等处看到。移动厕所的外观识别度不高,用户经常开着车从旁边经过,也没有发现移动厕所。用户偶尔也使用移动厕所,但发现里面的蹲位间数量太少,需要等候时间久,不能满足人们的需求。						
	用户需求	希望能够在街边多设置一些移动厕所,并增加每处移动厕所的蹲位间数量,同时改进移动厕所的外观造型设计、外观色彩设计,方便人们尽快识别。						

70 后快递员访谈表 表 8-2

		性别	男	年纪	45	学历	大专	职业	快递员
图8-6 用户2	用户调研	用户平时经常外出投送快递，对武昌地区的移动厕所有所了解。首先，移动厕所内部空间卫生环境脏、空气不流通，有时候会影响上厕所时的心情；其次，移动厕所的门大部分时间会锁上，无法正常使用，缺乏专人管理；第三，移动厕所安置的地点不太合理，人流量大的区域总是排长队、供不应求，人流量小的区域经常无人使用。							
	用户需求	重新设计移动厕所的内部空间，给人明亮干净的上厕所氛围。加大人员配备，每处移动厕所应配备专人日常维护。同时应随人流量大小调整每处移动厕所数量，满足人们日常出行需求。							

80 后企业员工访谈表 表 8-3

		性别	女	年纪	33	学历	硕士	职业	工程师
图8-7 用户3	用户调研	用户2018年时儿子2岁多，节假日及周末要带着儿子外出游玩。经常会在公园景区使用移动厕所，但发现里面没有设置专门为亲友陪护的无障碍厕所，同时也缺乏儿童卫生洁具，十分不便。同时用户回想起自己当年作为孕妇，外出时也难找到合适孕妇使用的移动厕所。							
	用户需求	移动厕所设计应考虑老弱病残孕幼等弱势群体的使用需求。同时应设置无障碍厕所，并配置无障碍卫生洁具、儿童卫生洁具、母婴卫生洁具等。							

90 后在校大学生访谈表 表 8-4

		性别	女	年纪	21	学历	本科	职业	大学生
图8-8 用户4	用户调研	当前武昌街头的移动厕所设计都比较老旧，外观不可爱，没有亲和性，不环保，跟不上武汉城市的发展速度。							
	用户需求	今后应在移动厕所的设计中采用新理念、新材料、新技术，充分体现生态环保的绿色理念。同时希望移动厕所的外观造型可爱，拉近与年轻人的距离。							

8.1.3 用户调研结果

本次用户调研结果是基于问卷调研法和访谈法的数据分析下得出的，从中可以发现当前移动厕所存在不少问题。

外观造型不佳：在用户满意度数据分析中，用户对移动厕所的外观满意度是最低的。同时通过访谈，60后的出租车司机也反映移动厕所的外观识别度底，每天在城市街道行驶，也无法快速识别。90后的大学生认为当前移动厕所外观陈旧，亲和力不强。

卫生状况较差：在建议产品改进度数据分析中，保持移动厕所内部干净卫生是最需改进的。同时通过访谈，70后快递员也反映移动厕所卫生设施不合理、

114 城市公共厕所的优化设计

冲水装置无法正常使用、室内空间狭小、光线昏暗、空气不流通等问题。

有效使用率低：在用户使用度数据分析中，只有少数用户经常使用移动厕所，大多数用户偶尔使用或极少使用。在用户的年龄、学历、职业等数据分析中，经常使用移动厕所的用户是90后、00后的大学生，这一定程度上说明其有效使用率较低。

缺乏人性化设计：在用户满意度数据分析中，移动厕所缺少无障碍设施、没有母婴卫生设施。同时通过访谈，80后的工程师也认为移动厕所缺乏无障碍厕所设置，不能为老弱病残孕幼等弱势群体服务。

机动性不强：在用户期望度的数据分析中，移动厕所能够满足更多人使用、适用范围广、可随人流量调节等功能是用户较为期盼的。同时通过访谈，70后快递员也反映移动厕所要根据人流量大小进行选址，并随时调整卫生间数量。

环保节能性弱：在建议产品改进度数据分析中，移动厕所的无污染环境、节约用电用水、排泄物环保处理等都是今后需改进的。同时通过访谈，90后大学生也认为移动厕所应采用新理念、新材料、新技术，充分体现生态环保理念。

缺乏专人维护：通过访谈，70后快递员认为移动厕所应配置专员管理维护，满足人们日常方便需求。

本次用户调研结果来源于武汉三镇之一的武昌城区，可以点带面地了解武汉市、我国中部地区移动厕所的发展现状。

8.2 移动厕所设计案例分析

针对以上用户调研现状调研，本课题组开展了大量移动厕所改进设计研究，主要可分为生态房车厕所设计、模块化厕所设计、集装箱厕所设计、3D打印厕所设计[①]，下面就具体设计案例展开探讨。

8.2.1 生态房车厕所

本案例为拖挂式移动厕所，整座厕所是由外力牵引，移动到需求量较大的公共区域。由于具备机动性较强、车厢空间利用率高、可同时满足多人使用等特点，逐步成为社会关注焦点。

生态房车厕所由大马力皮卡汽车、主车体移动厕所、后挂粪便回收车等三个部分组成。全长16.3米，高3.1米，宽2.4米、拓展后宽4.2米，占地面积为39.1平方米、拓展后占地面积为68.4平方米，近似一座小型城市公共厕所的使用面积。根据前期用户调研，厕所内提供6座无障碍小便池、4座无障碍坐便器、7座无障碍洗手池、1条无障碍通道、1条无障碍台阶、4套母婴卫生设施、4个急救按钮、4间拓展后形成的第三卫生间，该设计案例详见第7章7.3.1。

8.2.2 模块化移动厕所

本案例为模块化移动厕所，采用活动板房式造型、钢架结构、满足快速拆装要求，同时连接地下专用化粪池，可接入市政排污系统，对城市环境不造成污染。

模块化移动厕所全部采用方形造型、配件装配程度高、质量坚固耐用。厕所外部采用金属卡槽设计、方便快速拼接安装。同时模块化板材采用环保材料，适合批量化生产，经济实用性强[②]。模块化移动厕所又可分为单体公厕、无障碍公厕、卫生员管理室等功能空间。

其中单体公厕长1.3米、宽1米、高2.5米，无障碍公厕长2米、宽2米、高2.5米，管理室空间大小与无障碍公厕一致。模块化移动厕所随人流量的变化可单独

---

① 生态房车厕所、模块化移动厕所为作者设计作品，集装箱厕所来源站酷网：https：//www. zcool. com. cn/work/ZMjAzNTA4NDg=. html，3D打印厕所为苏州太阳山国家森林公园厕所实例。

② 黄莉. 新型移动公厕设计研究[D]. 西南交通大学，2018：38–41.

使用，也可多个组合使用，还可随地形场地变化，自由组合使用。如单体形式、联排形式、小型组合形式、中型组合形式、大型组合形式。通过前期用户调研，本案例尽可能满足不同用户、不同时段、不同区域的如厕需求。

此方案的设计创新主要体现在，模块化设计和人性化设计在移动厕所中的应用。利用模块化理念，对传统移动公厕进行了设计创新，不仅简单装配易行，而且

实现了服务功能的多样化。在人性化设计方面，构建无障碍公厕，为弱势群体如厕提供方便；设置卫生员管理间，为厕所管理者提供了办公空间。（图8-9~图8-14）

8.2.3　集装箱厕所

本案例为男女集装箱式厕所，外观设计新颖美观、占地面积小、可灵活移动。通过前期用户调研，设计

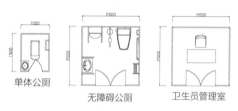

图8-9　各单体公厕平面图（单位：mm）

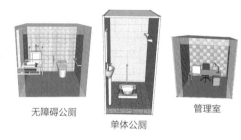

图8-10　各单体公厕内部结构图

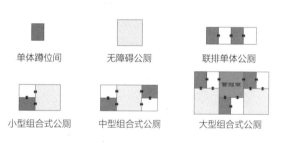

图8-11　模块化组合平面图

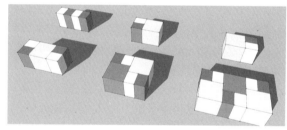

图8-12　模块化组合鸟瞰图

图8-13　联排单体公厕效果图

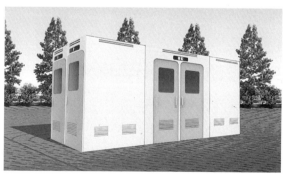

图8-14　中型组合形式效果图

出男女两个集装箱厕所，具体尺寸为长度6米、宽度2.4米、高度2.6米，两个厕所大小一致。其中男公厕内提供4个蹲位间、3个小便池、1个开放洗手间；女公厕内提供5个蹲位间、1个内部洗手间。

集装箱厕所具有良好的密封性、防水性、不污染环境等优点。其次，集装箱厕所为焊接钢结构，厕所框架满足移动需求。第三，厕所表面的绿色玻璃钢材质具有良好的耐酸性、耐碱性、耐盐雾性，适合在潮湿、腐蚀性强的环境中使用。第四，集装箱厕所适合产品形式化、批量化、标准化的生产。（图8-15，图8-16）

此方案的设计创新主要体现在，运用变废为宝的环保理念，对废旧物品加以改造再利用。将集装箱改造成移动公共厕所，适合在旅游景区、商业街道、生活广场等区域使用。

图8-17　女集装箱公厕内部效果图

图8-15　男、女集装箱公厕效果图

图8-18　男集装箱公厕内部效果图

图8-16　男、女集装箱公厕内部构图

8.2.4　3D打印厕所

本案例为3D打印厕所，项目设计单位为上海华杰环境设备制造公司。该厕所的大部分部件采用3D打印而成，并通过计算机模块化工艺组装，给人过目难忘

图8-19　苏州太阳山国家森林公园3D打印公共厕所

图8-20　苏州太阳山国家森林公园3D打印厕所入口

的感受。通过前期用户调研，使厕所内部空间明净宽敞，并增加了时尚的几何造型，而厕所外部设计的黄黑色调给人带来极强的科技感。同时3D打印而成的零部件，可以提高厕所的使用寿命、增强厕所的灵活度、方便度，该设计案例详见第2章2.2.4。

　　当前3D打印技术也正在厕所建造中不断推广，例如在苏州太阳山国家森林公园，2016年建成的3D打印厕所已经成为该公园的热门景点。这座厕所采用建筑垃圾回收而成，并通过3D打印建造，整个施工过程零污染，建筑强度也远胜于传统的钢筋混凝土。该厕所外墙垒砌起来的痕迹，独具纹理感、艺术感。厕所四周的树叶形雕塑，也能和周围环境和谐交融。（图8-19，图8-20）

　　此方案的设计创新主要体现在，运用3D打印技术建造出全新的厕所，打破了人们对传统厕所的认知，既提高厕所的使用寿命，又增强厕所的科技感与灵活度。

8.3　设计特性

　　一座城市的形象不是只看摩天大楼般的建筑外观，也不是只看华丽优美的城市风景，它们固然重要，但比这更重要的是生活在这座城市里的居民是否幸福，而完善的公共环境服务设施正是城市居民所需要的。适当地增加移动厕所，不仅可缓解如厕难，更是给大众留下一个良好印象，是提升城市软实力的重要体现。通过以上4个移动厕所设计案例分析，理论归纳出移动厕所的设计特性，有助于人们今后开展移动厕所的设计建造，也有助于城市文明向前进步。

8.3.1　灵活机动性

　　相比较传统的公共厕所，移动厕所的最大特点就是灵活机动性，这也是其设计特性。传统公共厕所一般都是固定式，这就需要固定的选址地点、结构形态、建筑材料、施工工艺等，其需要较长的建造时间、较高的建造经费。这往往会造成城市规划速度没有城市发展速度快，公共厕所没建成几年就会有拆除的危险。

　　但移动厕所能很好地解决这个问题。当前移动厕所主要分为拖挂式、搬运式、吊装式等三种结构形式[①]。拖挂式移动厕所由外力牵引，可移动到需求量较大的公共区域，由于机动性较强、车厢空间利用率高、可同时满足多人使用等特点，逐步成为社会关注焦点，例如生态房车厕所设计案例就是代表。搬运式移动厕

---

① 李杨. 首义文化园区新型移动环卫设施设计研究[D]. 湖北工业大学，2012：29-38.

所的结构简洁、材料轻巧、适合搬运，可根据人流量大小自由组合，并且安装时间短，一般可采用活动板房改建而成，例如模块化移动厕所设计案例就是代表。吊装式移动厕所一般面积不大，厕位数量不多，但可采用拉臂车装载、吊装，相对于固定公厕受地形地貌限制的特点，吊装厕所能整体进行移动，减少城市规划建设造成的损失，例如集装箱厕所设计案例就是代表。这些都体现出移动厕所设计的灵活机动性。

8.3.2 科技进步性

移动厕所"麻雀虽小、五脏俱全"，它是一个国家科技发展实力、经济发展实力的重要代表。例如3D打印厕所设计案例就是采用计算机数字技术，利用建筑垃圾回收建成，具科技感、艺术感。又如模块化移动厕所设计案例，采用高精度的模块，制造出各类不同功能的移动厕所，能够满足不同地区的使用需求。同时世界发达国家也有很多先进移动厕所的设计案例，例如英国升降式移动厕所，通过遥控技术指挥操作，白天厕所就如同下水道井盖，到了晚上整体从地下升起，供人如厕方便。又如美国网约车体移动厕所，使用者通过互联网留言就能约来如厕服务。所以移动厕所面积虽小，但却是一个国家科技实力、经济实力的高度浓缩。

8.3.3 人文关怀性

现代人们的生活品质不断提升，移动厕所不仅要满足普通男女的如厕需求，还要注重老弱病残孕幼等弱势群体的如厕需求。例如生态房车厕所设计案例、模块化移动厕所设计案例都考虑了弱势群体的如厕需求，设置了第三卫生间、母婴室、无障碍小便池、无障碍洗手池、无障碍通道、无障碍扶手架等卫生设施。当前构建无障碍的全社会公众服务环境，是方便弱势

群体走出家门、参与社会生活的基本条件，也是提升老年人、残疾人、孕妇、婴幼儿等群体社会幸福感的重要措施，更是开展文明城市构建的典型代表[①]。在移动厕所中，开展人文关怀性设计是物质文明和精神文明的集中体现，是社会进步的重要标志，对提高人们的个人素质，培养全民公共道德意识，推动精神文明建设等也具有重要的社会意义。

8.3.4 生态环保性

移动厕所的生态环保设计特性主要体现在：利用太阳能电池板收集能量自给自足；水资源循环使用节约用水；可移动车体不占土地资源；集装箱构造具备良好的密封性、不污染环境；模块化的活动板材合适批量生产、降低经济成本；粪便收集箱适合回收粪便、净化粪便；计算机数字打印技术节能高效等。当前人们的生存环境正不断受到挑战，社会需大力发展生态环保理念，作为移动厕所设计更应具备生态环保性，生态房车厕所设计案例、模块化移动厕所设计案例、集装箱厕所设计案例、3D打印厕所设计案例都有一定的生态环保性。

8.4 移动厕所的设计意义

当前许多地区在解决"如厕难"问题的时候，往往是新建改建、重新规划，甚至花巨资建造豪厕，在浪费了大量的社会资源的同时，也没有效解决民生问题，可谓劳民伤财。而移动厕所作为城市公共设施的重要组成部分，应该得到大力推广，本文基于用户调研的视角下，探讨4种新型移动厕所设计案例，期望能够给环卫行业提供有效借鉴。公共厕所不用豪华，只需要在必要时加大对移动厕所的设计研发，就能满足人们需求，也能提升城市文明形象。

---

① 于晓航 新型城市可移动公共卫生间造型设计探讨[J]. 包装世界，2016（1）：86-89.

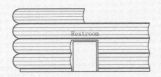

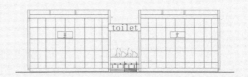

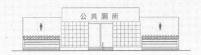

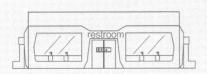

第 9 章

韩国城市公共厕所的
设计及其启示

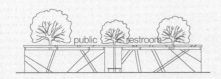

韩国人经常说："公厕的水准是我们国家国民的文化水准。洁净的公厕，洁净的韩国。"[1]的确，公共厕所也能体现一个国家的文化水准，事关国家形象。韩国作为我们的邻国，有很多值得我们学习的地方，其中城市公共厕所的设计建造及管理经验就值得我们学习、借鉴。除了政策制度的制定之外，韩国还十分关注非物质文化价值观和文化现象（表9-1），这构成了设计领域内韩国设计特性讨论的基石。

韩国设计特性（KoreandesignIdentity）关键词翻译[2]　　　　　　表9-1

关键词	翻译
정（"jeong"）	感受爱情或情感、善良、依恋、情感、激情人性、同情的心灵
혼（"hon"）	可以控制内外部的人体中的精神或精神物质
덤（"deom"）	添加或添加更多原始数量的东西与感情
힘（"him"）	做某事的能力
선비정신（"Seonbi-jeongshin"）	具有良好礼仪和行为控制的学者，尊重遵守法规和忠诚度的思想
사농공상（"Sa-Nong-Gung-Sang"）	学者、农民、工匠、商人：在过去社会共有四个不同的阶层，他们努力地想转向最高阶层即学者
구수하다（"Gusu-hada"）	热心和理解，当文字或故事具有轻度或中度的吸引力
단아하다（"Dhana-hada"）	优雅、高雅、细腻、精致

9.1　韩国城市公共厕所的发展概述

韩国农耕社会时期，长期以来，田地对肥料的需求量很大。跟化学肥料相比，粪便无疑是最天然的有机肥料[3]。因此，住户们喜欢在距离房屋较远的交通要道旁修建卫生间，以便收集更多的肥料。在城市，公共厕所虽然通常被认为是"脏乱的地方"，但也有些设计精巧、干净整洁的坐落于花园之中。因为每次使用公共厕所都要跑到家门外，多有不便，因此开始有人在家里放置小便用的夜壶。

自20世纪60年代开始，韩国的公共厕所已经由简陋的化粪池设计演变为清水冲洗式设计。而从20世纪80年代开始，厕所内部的基础设施进一步升级，例如儿童专用、男厕所的自动冲水阀门以及坐便器也开始投入使用。进入20世纪90年代，在首尔市的大学路、清溪川路等人流密集的商业街道上，开始出现投币式收费厕所。

近些年，在城市百货大楼、商业步行街的厕所内，增加了儿童尿布更换室、哺乳室、无障碍设施以及马桶节水装置等设备。针对女厕所，还细心周到地提供了

---

① 许焕岗. 在韩国感受厕所文化［J］. 城市管理与科技，2008（1）：77－78.
② 表8-1中，韩语翻译来自韩国语言研究所.
③ 不得不留意的韩国卫生间那点事儿：http://sz.szpxe.com/article/view/423841.html.

"声音模拟装置"，①让女士在公共场合使用厕所更加方便。

而户外风景旅游区也开始像家庭厕所那样，使用带有清洗和干燥装置的智能座便器。同时在登山爱好者居多的韩国，例如山顶、公园、广场等户外厕所内，为了避免滋生细菌，对粪便采取降解处理方式。

自1988年汉城（现首尔）奥运会之后，首尔的厕所如雨后春笋般迅速拔地而起，现如今就连乡村汽车站的厕所也装备齐全、干净整洁。把人们的固有观念从"脏乱差的厕所"转变为"厕所是干净卫生、清洁优雅的地方"。穿梭于首尔各处人气景点之间，必不可少地要跟厕所打交道，没有比方便、干净、整洁的厕所更能带给人们如此愉悦和舒适的感受了。

2007年，韩国首尔举办了一届世界厕所峰会。大会提出的"厕所革命"、"厕所设计"、"厕所文化"等，唤起了韩国人民重视厕所的卫生意识，韩国的城市公共厕所先进设计理念成为来自60多个国家和地区、1300多名代表的热议话题。大会主办方还组织了一系列参观考察，让世人对韩国的厕所文化有了全新的感受与理解。2018年冬季奥运会在韩国平昌举行，其干净卫生的公共厕所也给各国运动员留下良好印象。

9.2 韩国城市公共厕所的建筑设计

韩国城市公共厕所的建筑设计，有些充满创意，有些融入周边环境，有些方便识别，还有些体现时代特色，下面就具体展开探讨。

9.2.1 多样化造型

近些年，韩国对各地农村的公共厕所进行了整改，还是依照当地过去农宅的样式，用厚厚的稻草苫封盖房顶，在用青藤绿化周围的矮墙，与乡土气息融为一体。

对古老宫廷里的公共厕所，就仿照传统古建筑风格，采用脊式房顶和青瓦红砖，与古色古香的环境保持一致。

对旅游区公共厕所的整改就尽量取之各自特有的材料或景色，如：在济州岛就取用当地的火山岩堆砌墙壁；在雪岳山国立公园就以当地景色为素材，绘制了一幅气势磅礴的山水画，与当地的风景相辉映。

在2002年足球世界杯赛场外的公共厕所就设计成足球的形状，远远看去就像一个大型足球的雕塑，与其他千姿百态的雕塑作品构成了体育赛场的特有氛围，若不走近观看，很难想象到是一座厕所。许多韩国民众看到足球厕所后受到激励，从而自然而然地想起韩国足球在当年世界杯上打入四强的自豪场景。总之，经过这些年的不懈努力，韩国在厕所文化方面已取得了全世界的认可。

9.2.2 "卵"公共厕所

由韩国安全行政部和中央文化市民运动协议会主办的"2014年韩国最美卫生间"大赛中，位于庆州市东宫苑的"卵"公共厕所获得了最高奖"总统奖"。"卵"厕所的外形取材于新罗时期的卵生神话，入口的外壁为庆州的代表性文物——瞻星台模样，展现了瞻星台的结构建筑特点。"卵"厕所的设计充分显示出了历史性和独创性。（图9-1~图9-7）

9.2.3 "厕所屋"主题厕所公园

主题厕所公园里最具代表性的是"厕所屋"，因为整栋建筑的外观造型是一个巨大的马桶。该建筑分为上下两层，上层为景观通道，下层为男女厕所。人们可以在楼下如厕完后，通过楼梯登上二楼观光平台观赏公园风光。韩国人民将此栋建筑称为"解忧斋"，赋予了独特的文化风韵，同时在"厕所屋"的四周搭配有许多厕所文化雕塑，与其融为一体。（图9-8~图9-10）

---

① 声音模拟装置：针对女性上厕所所置的专用设备。通过按下声音按钮，厕位内便会发出模拟冲水声，缓解上厕所发出响声的尴尬。

图9-1 "卵"厕所1

图9-2 "卵"厕所2

图9-3 "卵"厕所主入口

图9-4 "卵"厕所内部环境

图9-5 "卵"厕所雪景图

图9-6 "卵"厕所大门

图9-7 "卵"厕所周边环境

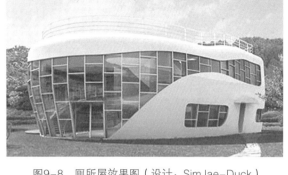

图9-8 厕所屋效果图（设计：SimJae-Duck）

图9-9 厕所屋鸟瞰图（设计：SimJae-Duck）

图9-10 厕所屋实景图（设计：SimJae-Duck）

9.3 韩国城市公共厕所的内部环境设计

韩国城市公共厕所的内部环境设计主要体现在：厕所的称呼、家庭卫生间、卫生设施等方面。由于韩国卫生设施受日本影响，本节着重介绍化妆室、地铁厕所、家庭厕所。

9.3.1 化妆室

韩国重视厕所文化，就连对平常的一些说法也进行了优化，例如把"上厕所"改说为"去化妆室"[1]。这种语言上的变化折射出人们思想意识的变化，是对公共厕所文化认识的再深化。正如韩国厕所协会主席沈载德先生所说："公厕不仅是方便之所，而且还应该是人们日常生活中文化休闲的一角，人们可以在那里小憩、梳妆甚至是思考。"的确，韩国人为此作出了很大努力，成立了"化妆室文化协议会"，以"保护自然、正常维护和观光"为主题，对不同类型的公共厕所，根据与环境相协调的原则，进行了不同程度的整改[2]。（图9-11～图9-14）

---

① 韩国厕所文化——WC之歌http://blog.sina.com.cn/s/blog_5a154afb0100eqyy.html
② 本章韩国厕所的内部环境实景图片由韩国国民大学许洪超先生提供.

图9-11　化妆室标识牌

9.3.2　地铁站厕所

　　韩国首尔地区地铁网络十分发达，其地铁站内都配置了功能齐全的公共厕所。这些公共厕所内部都带有完善的休息设施，供换乘劳累的人们放松休息。同时室内也非常干净，装饰材料色彩淡雅，墙壁上配置有装饰画，空间整体环境宜人。（图9-15，图9-16）

图9-12　男厕所标识牌

图9-13　洗手池

图9-14　化妆台

图9-15　地铁站厕所

图9-16　婴儿护理台

图9-17 家庭厕所1

图9-18 家庭厕所2

9.3.3 家庭厕所

近些年在首尔各大商场、百货大楼的公共厕所里都会设置家庭厕所。其室内空间不大，但布局合理、功能完善、灯光明亮，主要是为方便携带年幼的孩子、年纪较大腿脚不便的老人等家庭使用。这也体现了人文关怀的真谛，人文关怀的主旨思想就要为老弱病残孕儿童群体如厕提供便利，为弱势群体及其家庭提供服务。（图9-17，图9-18）

9.4 韩国城市公共厕所设计对我国的启示

"公共厕所能体现出一个国家的文化水准，事关国家形象。"韩国是我们的邻国，从一个极为贫穷的农业国一跃成为外贸总额居世界第9位（2017年）、GDP居世界第11位（2017年），拥有发达的造船、汽车、化工、电子、通讯工业、网络基础设施等名列世界前茅的新兴先进工业国，韩国在20世纪后半叶短短30多年演绎了一段震撼全球的"经济奇迹"[1]。

设计的创造力不再是华而不实的东西，它是一张国家核心竞争力的入场券。一个民族如果不以这种创造力为基础，就无法从经济上自我维持，最终只能沦为一部复制机器[2]。韩国曾经也是不尊重公共厕所文化、不尊重人性关怀，但通过近些年全国自上而下的"厕所革命"，取得了让世人瞩目的成绩。而此时此刻，随着"中国制造2025"正式提出并开展实施，我国正逐步实现制造强国的目标，世界地位也将不断提升，在关乎社会民生的公共厕所建造与管理问题上，我们也在反思自己的不足，从邻国身上就可以找到一些解决问题的方法。由此可见，我国也在取长补短，不断进步。

---

① 冼燃. 设计，韩国崛起的秘诀 [J]. 新经济杂志，2009（7）：48-51.
② 思凡、郑义澈、张宗硕. 探索韩国（设计）特性的—分法 [J]. 设计艺术研究，2017（4）：4-7.

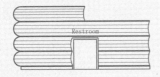

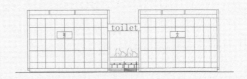

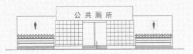

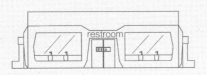

第 10 章

日本城市公共厕所的
设计及启示

日本的厕所文化是世界知名的。在日本，比起高耸入云的摩天大楼，精致的园林造景，整齐洁净的马路，都不如日本厕所的人性化设计和高科技的应用更让人记忆深刻。一个国家公共厕所的设计状况体现了社会文明程度，它的发展与这个国家的经济发展水平紧密相关。日本曾于20世纪80年代进行了一场影响深远的"公厕革命"，尤其是首都东京努力推进公共厕所的建设和优化管理，充分从以人为本的角度出发，不断提升公厕设置的科学性、引导标识的人性化、设施设备的完善度等。这场"革命"的成果受到社会各界认可，也使东京公共厕所的先进度长年稳居世界一流行列。早在1985年，日本便成立了世界上第一个"日本公共厕所协会"，着手解决公厕问题。同时，日本特别讲究"厕所文化"，许多城市有厕所学会，大学中也设有厕所学专业，不少人攻读"厕所博士"。可见日本对厕所的研究是由来已久。尽量做到"想人所想，给人所思"的"人性化"设计理念。"日本厕所设计（Japan Toilet Design）"是日本自身特有的厕所文化，足以让世界各地的人惊奇不已，各种人性化的设计让日本公用厕所拥有世界第一的服务体验[①]。

10.1 日本城市公共厕所的人性化设计

尽管日本的公共厕所面积狭窄，但"内在"相当丰富——厕纸、消毒剂、洗手液、烘手机、扶手、挂衣钩都只是基本的配备。为避免未及时更换厕纸给如厕人带来不必要的麻烦，备用厕纸也不可或缺，即便遇到厕纸告罄的情况，也可通过呼叫铃联系管理人员送来厕纸。

10.1.1 "智能坐便器"提升使用感受

近些年在国内游客群体间大热的"日本坐便器"其实起源于美国，最初仅具备温水洗净功能，专供老年群体使用。引进日本后，经TOTO卫浴反复研究，于20世纪80年代推出了集便圈加热、温水洗净、暖风干燥、自动除菌等多种实用功能于一身的先进智能坐便器，大大提升了如厕的舒适度。目前，日本的智能坐便器技术已能代表世界级高度。据日本内阁办公室的一项调查显示，智能坐便器已成功打入普通家庭，与欧美国家平均35%的普及率相比较，日本家庭达到72%，这一数据可比肩个人电脑、数码相机等其他家庭设备。而今，这项技术已经走向了公共厕所，普及率高达90%。[②]（图10-1～图10-4）

10.1.2 "多用途厕所"方便残障人士

截至2009年末，日本登记在册的有282万名四肢不健全者，另有约18万名残障人士患有膀胱、直肠机能障碍，这一人群被视为使用厕所存在障碍的群体。为保障这一群体的社会利益，日本于1993年制定了《残障人士基本法》，对可供残障人士、老人、儿童等群体使用的"多用途厕所"作出严格规定。1994年又出台《关于高龄老人、残障人士等可便利使用的特定建筑物促进法》，主要适用于医院、百货商店、旅馆、政府机关等17类户外公共设施，旨在保障残障人士能够获得室外活动的平等权利。考虑到部分残障人士依靠轮椅出行，必须保证较大面积的厕位，该法更对供残障人士使用的厕位单间面积、入口尺寸、洗手台高度、镜面高度及倾斜度等作出详细要求。2008年，东京世田谷区梅丘的两处"谁都可以使用公共厕所"增

---

① 日本国土交通省综合政策局安心生活政策科. 关于考虑多样化使用者的厕所发展战略调查研究，2012年3月，http://www.mlit.go.jp/common/000209199.pdf.

② 本章所有实景照片由武汉理工大学张笛先生提供。

图10-1　智能马桶垫圈

图10-2　智能马桶圈内构

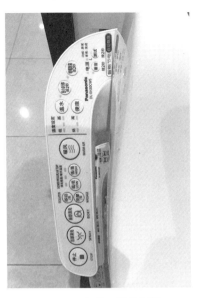

图10-3　智能马桶控制板

图10-4　智能马桶温水喷洗口

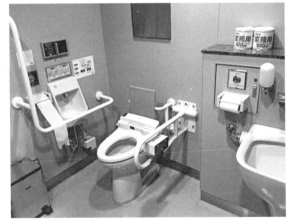

图10-5　无障碍卫生间

设语音导向装置，右侧入口对应轮椅使用者、人工造肛手术者及母婴，左侧入口对应带传感器的语音导向装置，厕所内外都可听到语音导向，保证单独一人的残障人士也能无需他人帮助独立使用。（图10-5）

10.1.3 "音姬"装置巧妙实现节水

同样出于"耻"文化心理，因为不希望被别人听到声响，日本女性每次如厕平均要按下冲水阀2到5次，

图10-6　音姬装置

图10-7　婴幼儿座椅

是一种平白浪费水资源的陋习。针对这一习惯，TOTO卫浴于1988年发明厕所用拟音装置，也称"音姬"装置——只要按下对应按钮，厕位内便会发出持续30秒左右的模拟冲水声，这一巧妙设计既令使用者不感尴尬，同时也避免了水资源的巨大浪费。据松下电气的一项调查显示，设置初期全国1500个"音姬"每年可节省6400万日元水费，效果十分惊人。目前，"音姬"几乎覆盖了东京全域的公共厕所，还从女厕拓展到男厕内，近期还推出了热感应自动发声的新型"音姬"。（图10-6）

10.1.4　"母婴专区"照顾特定群体

为方便带婴儿的女士，越来越多的公共厕所划设母婴专区，在有限的空间内纳入婴儿座、哺乳台，并在厕位旁留出放置婴儿车的空间。未划设母婴专区的公共厕所一般也会在男女厕内设置多功能"婴儿专座"，父母亲既可以利用隔板为婴儿更换尿布或哺乳，也可在如厕时将年纪稍大的儿童安放在婴儿座位内。

此外，有些厕所内部还备有儿童专用的小便坐便垫，帮助儿童学习使用公共厕所。（图10-7）

10.2　日本城市公共厕所的细致化设计

日本人性格的细腻举世闻名，他们擅长在生活的各个层面专注用心，大到整个都市规划，小至一花一草一螺丝钉，他们在每个细节上制造引人入胜的惊喜，在公共厕所的细节设计上更是窥见一斑，凸显细致化的设计理念。最初的公共厕所功能仅仅是解决往来人群的排泄需求问题，但随着生活水平的提高，人们的观念逐渐发生了改变。它不仅要解决基本需求问题，更在功能上最大限度地满足人们的日常需求，如休息、交谈、补妆、换衣、幼儿哺乳、残疾人专用、饮用水等。女性厕所内设有更衣镜、放置物品台面。这些就要求人们在设计上要考虑不同人群的使用要求，如婴幼儿、老人、病人、残疾人等弱势群体的使用需求，还要从人性化的角度出发，考虑更多的细节，才能让使用者感到更便捷和舒适。这些设计细节的人性化主要从以下这几个方面来体现：除了街头的简易公厕，几乎所有厕所都有充足的卫生卷纸、座垫清洁剂、换衣台、厕所说明标签、厕所监视屏等，这些都是厕所设施中必备的。

10.2.1　卫生卷纸

日本的公共厕所都统一配有手纸，而且都是可水溶的可再生纸。这些可溶厕纸主要由牛奶盒子以及办公室打印废纸再生制造。因为日本人保护环境的第一理念是：减少垃圾产生比事后再处理要容易。（图10-8）

10.2.2　座便器消毒剂

在日本公共厕所内，根据个人卫生需求，大部分都设置了装有座便器消毒剂的设备，如厕人可以将消毒剂喷在卫生纸上，在坐垫上适当擦拭便可以达到清洁消毒的效果。（图10-9）

10.2.3　换衣台

现在大部分国家的公用厕所有换尿布台，但还少有换衣台。换衣台是日本厕所的设计先进化代表，不仅孩子可用，大人也能使用，女性想换衣服时可使用，非常方便，不会把脚弄脏[1]。（图10-10，图10-11）

10.2.4　厕所说明标签

由于厕所内各种设备种类繁多，为了使用者正确使用这些设备，设计师们在每种设备最醒目的位置，设置带有图画的说明标签，标签上有中、英两种说明性文字，其目的是如厕者更直观、更快速地使用这些设备，即使是看不懂日文和英文的人也可以根据图案猜到其使用方法。（图10-12～图10-14）

10.2.5　厕所监视屏

日本多数公共厕所的要求一般是让顾客等待如厕的时间绝不会超过三分钟，通过颜色引导人们进入卫

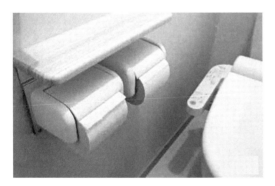

图10-8　卫生卷纸

图10-9　座便器消毒剂

图10-10　儿童换衣台[2]

---

① 搜狐网，日本公共厕所的设计，人性化细节做到极致，http://www.sohu.com/a/144702688_481496.
② 来源：www.sohu.coma144702688_481496.

图10-11 女性换衣台①

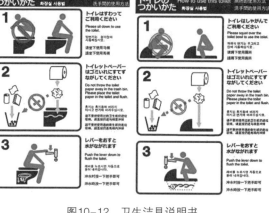

图10-12 卫生洁具说明书

图10-13 无障碍厕所说明书

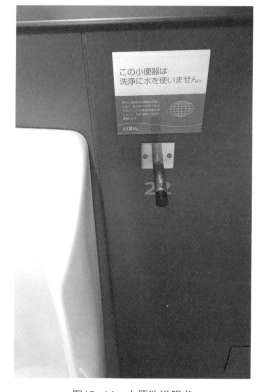

图10-14 小便池说明书

生间，红色代表女性，蓝色代表男性，绿色表示残障、老人、婴幼儿卫生间，服务区里的监视屏让人们立刻就能看到厕所里哪个隔间是空的，马桶间外面的红色指示灯亮起表示里面"有人"，蓝色的表示为"无人"，每个隔间都配备了传感器，它会检测是否有人使用相应的隔间，并将信息传输至安装在厕所外面的大监视屏上，甚至还有小图标显示空着的是西式坐厕还是传统的日式蹲厕，大部分隔间里有婴儿椅，这样带着孩子的父母更加方便。（图10-15～图10-17）

---

① 来源：www. sohu. coma144702688_481496

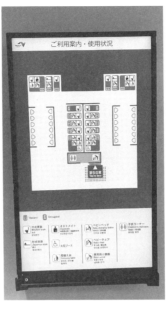
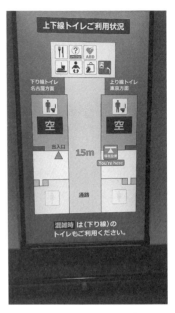

图10-15　厕所监视屏　　　图10-16　液晶功能显示屏　　　图10-17　液晶屏当前状况

10.3　设置广泛与优化导向设计

10.3.1　公厕设置确保足量、广域

　　若将公共厕所的数量作为评判"城市便捷度"的指标之一，日本东京早已跻身全球前列。利用Google地图进行搜索统计，截至2015年7月，被公认为东京中心的"东京都23区"622.99km²范围内，公共厕所已突破7000处，每平方公里超11处。根据现时预计，2020年东京奥运会期间将有超过25万人赴现场观赛，而比赛场地大多集中在"东京都23区"内直径8km范围中。对此，东京市民纷纷担心起这一区域内的公共厕所数量是否足够，临时或增设公共厕所已成为现下的一大课题，足以见得公共厕所在国民心目中的重要性。

10.3.2　导向牌充分体现便捷度、人性化

　　"耻"文化心理长期根植于日本人内心深处（"耻"在日语中意为不好意思、惭愧），生活中十分注意避免麻烦他人，向人询问公共厕所位置当然被视为"耻"事之一。故而，为了方便使用者查找，公共厕所的位置都被明显地标注在地图和街区导向牌上。导向牌对厕位的所在位置、内部具体设置（蹲式、坐式、无障碍设施、母婴）及使用状态等都进行了明确标识，各种设备的图例采用"文字加图案"的方式，无论是否通晓日语都能轻松找到合适的厕位。此外，为方便残障人士使用公共厕所，部分厕所导向牌上还印有盲文。（图10-18）

10.3.3　厕所标识深入、完善

　　在公共厕所四周的墙壁上都会设置厕所标识，并提

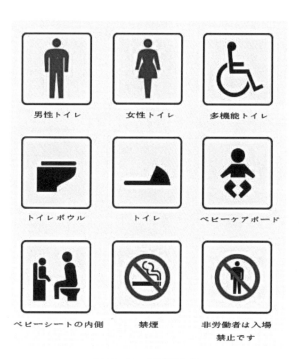

图10-18　厕所导向牌

示该厕所内部拥有哪些功能设施。同时每个在男、女蹲位间，婴幼儿卫生间的门板上都有清晰的厕所标识，方便人们尽快且合理使用。（图10-19～图10-21）

10.4　日本城市公共厕所设计对我国的启示

　　日本1868年明治维新起开始自己的现代化运动，1953年前后开始发展自己的现代设计，到20世纪80年代成为世界重要的设计大国。日本设计具有传统设计和现代设计并轨进行的特点，传统设计基于日本传统民族美学，现代设计向欧美学习，利用进口技术，为出口服务。日本公共厕所的设计，透出无数温暖人心的人性化细节，它们成就了高度文明社会下的品质生活。大到空间布局，小到卫生纸、消毒液、物品挂钩，从外部设施的细节渗透到人的情感体验，在设计中尤其对弱势群体及妇女、儿童体现淋漓尽致的关照，无不凸显一个社会

图10-19　外墙柱标识

图10-20　男厕所标识

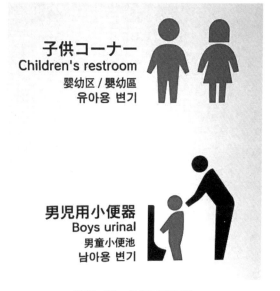

图10-21　儿童厕所标识

高度的文明程度。相反正是在这高度文明的支撑下，使得日本人不断且深度地在公共厕所的使用中探究更人性化的设计。（图10-22，图10-23）

日本作为我们的邻国，其先进的厕所设计文化值得我们借鉴。当前公共厕所"数量"评判的是城市"便捷度"，公共厕所"质量"更是判断城市"友好度"的标准，涉及"出口"的公共厕所问题，关乎民生，不容忽视。国内城市应学习，努力动脑筋、想办法，力求提升城市公共厕所的整体水平，才是实实在在为民服务的表现。

图10-22　无障碍洗手池

图10-23　高速公路厕所内部环境

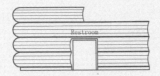

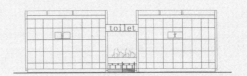

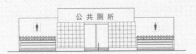

/ 第 11 章

美国城市公共厕所的
设计及其启示

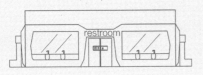

城市公共厕所设计是为人们日常生活服务的公共设施设计，近年来越来越受到社会大众的重视。而作为现代设计发展最成熟的美国，其城市公共厕所设计理念已渗透到社会生活的每个细节，为人们的日常生活提供便利而高质量的服务。本章内容为美国城市公共厕所的实地走访调研，探讨其外观视觉、内部环境、多功能分区、洁具细节等方面的设计，并总结得出厕所设计的以人为本、功能完善、法律规范、绿色生态等思想启示，从而为我国城市公共厕所优化设计提供有利参考。

11.1 美国城市公共厕所的名称解释

在美国，城市公共厕所通常有两种叫法，一种是Toilet，更多是用Restroom。这和当前国内对公厕简称的W.C.有所不同。W.C.是美英等国一、二百年前使用的比较粗俗的用法，现在一般不用W.C.，而是使用Toilet、Bathroom、Restroom等较文雅的词。W.C.指"Water closet"，即"抽水马桶"之意，从修辞上说，"W.C."给人的印象是简陋、直接，而Toilet有洁净、舒适的感觉，而且还可以在里面梳妆打扮。Toilet这个词来源于法语，法语"香水"一词（l'eaudutoilet）和Toilet有关，有高雅的感觉，所以国内文雅的翻译法把Toilet译作"公共洗手间"。Restroom这个词由Rest和Room两个词组成，其中Rest是放松、休息的意思，所以也可以把公共厕所称为休息室。从美国对公共厕所的这两种说法，我们可以看出，美国对公共厕所的理解和定位和国内是截然不同的。

11.2 美国城市公共厕所的设计解析

11.2.1 外观视觉设计

国内城市公共厕所在外形设计上一般都是中规中

矩、辨识度不高且缺乏美感。初到美国，发现这里的城市公共厕所比较容易识别。一方面，公共厕所的外观设计容易让人们辨认，具有公共空间的艺术性，艺术美感强的厕所既能增加辨识度，也能增加人们如厕的舒适度和愉悦感。另一方面，厕所的视觉标识设计也十分完善，方便人们识别。

美国西海岸1号公路上的公共厕所设计就十分有特色，整栋建筑外观设计采用了美式田园风格，长方形的建筑结构，单层楼的构造。建筑中央有一个六边形的大厅作为公共厕所的主要出入口，并连接左右两侧的男女卫生间。在男女卫生间的后面还设置有侧入口，主要供行动不便人士使用的无障碍卫生间。公共厕所的建筑四周用地也是六边形，并配置了自动售货亭、地图信息亭、休息座椅、绿化围栏等设施。这里十分适合赶路的人们停车方便、休息放松、欣赏美景。（图11-1～图11-4）

旅游胜地圣地亚哥海滩边的公共厕所设计，则以时尚新颖的外观设计取胜。整个建筑采用清水混凝土制作出凸凹不同的抽象图案，以镂空雕刻的"M"形和"W"形作为男女厕所标志。设计也同样考虑到残疾人士的使用，厕所地面和户外地面是相同的高度，

图11-1 公共厕所大厅入口

图11-2 自动售货亭

图11-3 信息亭

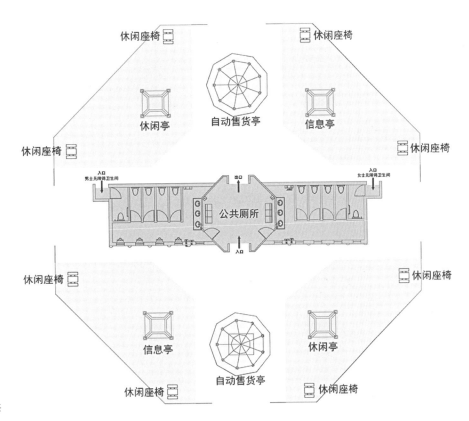

图11-4 高速公路公共
厕所及周边环境平面图

为残疾人士提供了方便。整栋建筑采用单层紧凑的建筑结构，很好地融入了当地的旅游文化。（图11-5）

美国公共厕所的视觉标识设计一般分为两种形式，一类为普通的男女厕所，视觉标识设计文字为Mens & Womens Restroom，并配有指向箭头。另一类为家庭卫生间，视觉标识设计文字为Family Room，同样也配有指向箭头，主要是方便带婴幼儿的父母，或有老人或残障人士的家庭单独使用[①]。这点与国内统一化的公共厕所标识设计不同，美国公共厕所的视觉标识设计更细致、更人性化。同时也有艺术风格的厕所标识设计如：阴阳文标识、太极图标识、枫叶标识等，但不常见。（图11-6）

图11-5 圣地亚哥海滩厕所外观设计

11.2.2 内部环境设计

美国城市公共厕所的人流量很大，让人愉悦的外观视觉设计只是走出了公共厕所设计的第一步，人们更为关注的是它内部的卫生状况。城市公共厕所卫生环境状况一方面与美国人自身具备的修养素质有关，另一方面也与厕所的内部环境设计有关。

梅西百货的公共厕所内部环境设计就是一个很好案例。梅西百货是美国著名的连锁百货，几乎每个城市都有，主要经营人们日常所需的各类商品，是人们经常惠顾的地方。梅西百货大楼每层楼都有一间公共厕所，走进去马上就能感受到它的干净、整洁，空气中还带有清香。梅西百货的公共厕所都是采用淡雅的灰白色系进行色彩装饰，地面采用棕色防滑瓷砖铺装，墙面采用白色瓷砖铺贴，顶棚采用白色平顶式吊顶。厕所的室内照明设计也十分完善，在每个洗手台、每个厕位、每块穿衣镜甚至是内部走道的上方都配有照明灯带，明亮的灯光给空间带来一种洁净之感。室内空调设施、通风管道、香薰设备等也布置合理，使得厕所内部的温度和空气都非常怡人。（图11-7～图11-12）

普通男女厕所标识　　　　家庭厕所标识

图11-6 公共厕所视觉标识设计

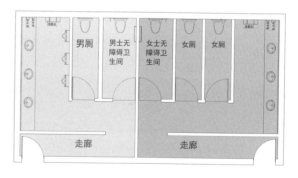

图11-7 梅西百货公共厕所平面布置

---

① 百战不惊、美国公共卫生，http://blog.sina.com.cn/s/blog_4494547a0102dx1g.html.

图11-8　梅西百货公共厕所洗手台

图11-9　梅西百货公共厕所小便池

图11-10　梅西百货坐便池

图11-11　梅西百货无障碍厕所

图11-12　梅西百货厕所内部走廊

另一个有代表性的是洛杉矶环球影视中心的公共厕所，其内部环境设计与影视中心的文化主题紧密相扣、极具个性。该厕所室内整体采用蓝色系装饰，地面采用浅蓝色防滑瓷砖、墙面采用深蓝色瓷砖、顶棚使用白色铝扣板吊顶。地砖、墙砖上采用亮黄色的小五角星，亮黄色的交叉柱形装饰图案营造出好莱坞星光大道那种星光四射的氛围。各个分隔面板统一采用不锈钢金属材质，现代感极强。（图11-13～图11-17）

旧金山展览中心的公共厕所建造得也十分用心，充分展现了以人为本的服务理念。（图11-18～图11-21）

11.2.3　多功能分区设计

一个功能齐全的城市公共厕所必须要考虑到不同人群的实际需求，才能设计好内部的各个使用空间。美国城市公共厕所设计一般分为男厕所、女厕所、家

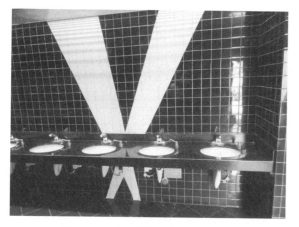

图11-13　环球影视中心厕所洗手台

图11-14　环球影视中心小便池

图11-15　环球影视中心内部走廊

图11-16　环球影视中心坐便池

图11-17　环球影视中心无障碍厕所

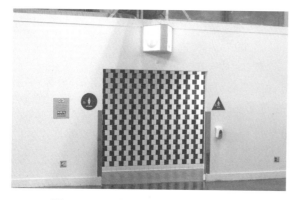

图11-18　旧金山展览中心公共厕所入口

图11-19　旧金山展览中心公共厕所洗手池

图11-20 旧金山展览中心
公共厕所自动手纸机

图11-21 旧金山展览中心公共厕所外垃圾分类箱

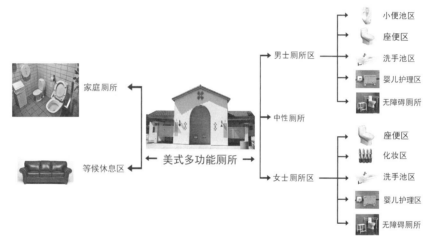

图11-22 美式多功能厕所系统构架

庭厕所、中性厕所、休息等候区。(图11-22)

男厕所里包含洗手区、小便区、座便区、无障碍卫生间、婴幼儿护理台等；女厕所里包含化妆区、座便区、无障碍厕所、婴幼儿护理台等。

家庭厕所包含儿童便池区、成人便池区、无障碍设施、洗手化妆台、休息区等。如在沃尔玛超市的家庭厕所里，除了正常的厕所设施外，还配有沙发和茶几，茶几上还有玩具、杂志和画报。在这里上厕所可以说和在家里是一样地享受。

中性厕所则是为了落实时任美国总统奥巴马关于禁止歧视变性人、同性恋、双性恋等人群体的承诺。在2015年4月8日，奥巴马总统公开宣布，今后所有总统府雇员和访客在华盛顿白宫使用公共厕所时将多一个选择——"中性厕所"，主要是为变性人群、同性恋、双性恋设置的，让这部分人群能够得到社会的尊重。

休息等候区主要是指为等候、陪伴的人群提供一个专门休息的空间，一般在此设置舒适的休闲座椅，方便等候的人使用。

当前美国的多功能城市公共厕所设计也体现出美国社会平等尊重的人文主义精神，即对特殊人群的特

图11-23 坐便器设计

图11-24 洗手池设计

图11-25 婴儿护理台设计

图11-26 储物架设计

殊关怀，全面尊重不同年龄、不同身份、不同文化、不同性别、不同生理条件使用者的人格和心理需求。

11.2.4 洁具细节设计

美国城市公共厕所的卫生洁具是非常细致、完善的，厕所没有任何异味，而且多数香气扑鼻。里面提供齐全的卫生纸、冷热水、洗手液、穿衣镜、储物架、婴儿护理台以及烘干机等设备，卫生洁具也十分干净整洁。

美国城市公共厕所没有蹲坑，全是坐便器。坐便器旁边墙上均有装一次性坐垫的容器，伸手可及。所有厕所内均配有卫生纸，一处位于坐便器的旁边，一处位于洗手池的上方。装卫生纸的盒子安装在墙上，上面有活动手柄，每按一下，就会出来一截卫生纸。（图11-23）

洗手池安装有冷热两个水管，无论任何时候拧开热水管，都会有温热的水流出来，而且洗手池上方的水管里是直饮水，可以直接饮用。（图11-24）

厕所门的设计也非常人性化，可以自动关闭，并且在即将关严的那一刻自动放慢速度，避免关门发出很大的声音。

男性卫生间里同样设置有婴儿护理板，在靠近洗手池的区域设置，平时是扣在墙上的，使用时翻下来就可以使用（图11-25）。如加州波莫那州立理工大学的公共厕所内还设置有储物架，方便师生上厕所时存储自己的学习用具，甚至有些学生干脆就坐在厕所门口的地毯上读书[①]（图11-26）。

11.3 美国城市公共厕所的设计特点

11.3.1 以人为本

城市公共厕所设计是为人服务的，这一点从人类制造和使用厕所的历史开始，从未改变和异化。美国的公共厕所设计服务对象始终以人为本，设计的基本特征是技术与人的有机结合、情感与文化的高度融合。美国设计师亨利·德雷福斯（Henry Dreyfuss）在1955年出版的《为人的设计》（Designed for people）书中，明确提出了人性化设计不是设计潮流，不是设计运动，也不是某个设计团队提出的设计口号，它是人类从一开始在设计领域就不曾放弃的目标和梦想，

---

① 刘波，史青. 美国加州波莫那州立理工大学校园生态环境设计研究［J］. 西安建筑科技大学学报社会科学版，2016（2）：57-61.

因为人类不同于动物的地方就在于人是有情感的，设计承载人们的情感，需要带给人更多、更细致的深切关怀和满足人的情感需求。

美国城市公共厕所的人性化设计主要体现在科学系统的人体工程学和公共卫生学的研究基础之上，尽量满足人们各项心理与生理层次的需求。这就要求设计师在设计过程中，要随时关注不同人士的如厕需求、使用感受、环境影响等，让人与厕之间形成良性的互动关系。设计要求公共厕所在功能、造型、质地、色彩、结构、尺寸等方面符合环境和社会需求，尤其要符合使用者的生理和心理特点，符合人体工程学、公共卫生学的各种要求。

尊重人性另一个重要的核心思想就是平等尊重的人性化设计，即对特殊人群和各个特定社会群体的特殊关怀。美国的城市公共厕所是面向全社会开放使用的，必然要求具备全面尊重不同年龄、不同性别、不同文化、不同生理条件、不同身份使用者的人格和生理及心理需求。城市公共厕所的人性化设计有助于提高和改善人的个性和人格，促进人的社会化，有助于改善人与人之间的关系，形成良好的人际环境，促进社会的和谐发展。

11.3.2　功能完善

笔者在美国考察学习的这段时间，无论走到哪座城市的公共厕所，都能感受到其使用功能的完善。卫生纸、冷热水、洗手液、烘干机、化妆镜、卫生洁具、无障碍设施、通风管道、空调系统等一应俱全。照明灯具、墙地面铺装、色彩搭配、装饰绘画、软装布艺、花卉植物等室内装饰设计元素始终贯穿在公共厕所的每个部位。男人、女人、儿童、婴幼儿、老年人、残疾人甚至是变性人都能找到适合自身使用的功能设施。

这都说明了美国的城市公共厕所设计从一开始就将使用功能放在首位，所有的设计都围绕着人在使用公共厕所时方便、舒适、享受展开。

美国芝加哥建筑学派的创始人，建筑设计师萨利文（L.Sullivan）早在1907年就提出设计应遵循"形式服从功能，设计服从市场"的观点。萨利文认为，功能主义设计思想应该主张形式追随功能，提倡简约理性的设计，通过现代科学技术与设计的统一，达到生产的标准化和高效率，反对过度装饰。对于城市公共厕所的设计师来说，最重要的是设计能否完善人们在使用厕所时的各种需求，能否给社会大众带来益处，这是进行城市公共厕所设计的唯一目的。

11.3.3　法律规范

美国《宪法》将保护和促进公共卫生基本法律责任授予各州。在2000年4月，为促进美国公共卫生在21世纪的发展，制定了"州公共卫生法律示范项目"，获到各州认可，并作为法规技术文件向全美推广、指导，有效应对社会的公共卫生问题[①]。

此项法规要求，各类公共场所和商业建筑里都必须设计建造公共厕所，并且面向社会大众全面开发。所以走在美国街头，人们不必担心没有厕所，因为所有的百货商场、餐厅酒吧、超市便利店、社区服务中心等都有设备完善、照明充分的厕所。而外出旅行也无需操心，在每条州际公路旁的休息服务区、小商店、加油站也设置有厕所，就算是乘坐跨海的观光轮渡上也配置有厕所。

这些公共厕所全部免费对外开放，而且里面还能提供免费的手纸、马桶垫纸、冷热水、洗手液、擦手纸巾、烘干机等卫生设施。该法规还要求公共厕所不能有异味，所以在每一座厕所内都点着除味的熏香、

---

① Institute of Medicine of the National Academies．The future of the public health in the 21st century[M]．Washington DC：The National Academies Press，2003：96-107.

蜡烛，再配上完善的通风设施，使室内空气循环良好，不会让人闻到不良异味。

中小型公共厕所的日常维护由企业和机构负责，大型公共厕所由地区政府负责出资维护。所有公厕都有指定公共卫生部门监督检查，如餐馆的厕所，如果环境不整洁、空间拥挤、甚至手纸用完未及时补充都是不合格，轻则罚款两万美元，重则吊销营业执照。同时该法律也明确规定，任何地方都必须留有残疾人专用厕所，当一个厕所内只有一个蹲位，那么肯定是一个非常宽大、能够容纳残疾人手推车的方便空间。

11.3.4　绿色生态

20世纪60年代，美国设计理论家威克多·巴巴纳克（Victor Papanek）在他于1967年出版的《为真实世界而设计》（Design for the Real World）中，强调设计应该认真考虑地球的有限资源使用问题，应该为保护人类居住的地球的有限资源服务[①]。20世纪80年代，美国首先兴起了"绿色设计"浪潮，继而席卷全世界，并在20世纪末成为现代设计研究的热点问题。

进入21世纪后，美国的比尔和梅琳达·盖茨基金会开始致力于城市公共厕所的生态设计，将太阳能、水循环利用、生态洁具、粪便回收、互联网技术等运用到厕所的生态设计中，并与2014年11月成功研发出名叫"Janicki Omniprocessor"的机器，成功处理10万人的排泄物，每天能产生8.6万公升的饮用水并提供250千瓦特电力。同时该基金会还提出了"超级马桶计划"，让公厕在没有自来水网、排污系统以及电力的情况下依然能正常使用，而且每天的维护费用不能超过5美分，该设计方案将为使用者带来了三种宝贵资源：水、肥料和能源。所以美国城市公共厕所的绿色设计一开始就建立在超前的社会责任感和先进的科学技术之上，同时向社会大众传递着具有强烈的生态环保意识、健康的生活方式及与自然和谐共生的生活观念。

11.4　美国城市公共厕所设计对我国的影响启示

在美国学习进修的这段时间，笔者经常扪心自问，现在中国到底与美国有多大差距？其实这个问题不好准确回答。因为今天的中国城市早已高楼林立，反观美国的各大都市在城市，其外部设计及建造上不及我国的发展速度。但论城市内部的公共服务设施设计及建造，我们应当承认与美国相比，还存在很大的差距，这其中，城市公共厕所的设计、建造就是一个典型的实例。

近些年，我国也陆续开展了城市公共厕所设计的相关赛事，从2013年的厕所创新设计·中国区大赛、2015年的全国旅游厕所设计大赛，再到2016年的全国厕所技术创新大赛，由最初的厕所造型设计，再到现在的厕所技术创新，社会大众对公共厕所的关注度越来越强，文化和旅游部也明确提出了"厕所要革命"的主旨思想。但在现实生活中，国内城市公共厕所的设计建造还是赶不上城市快速发展速度，公共厕所还是暴露出各种问题，这些都还需要设计师们沉下心去思考、细化、完善。通过对美国的城市公共厕所设计的分析可以得出：优化厕所外观与空间布局，重视人性化设计；完善指示牌设计，提升厕所服务半径；细化卫生洁具设计，增强厕所使用功能；规范厕所制度管理，健全厕所的运行机制；加强厕所技术创新，倡导绿色生态厕所建设等一批有价值的经验。同时将这些设计经验进行归纳、梳理，为我国今后的城市公共厕所设计提供有利的参考和借鉴。[②]

---

① 克多·巴巴纳克，为真实的世界设计[M]. 周博译. 北京：中信出版社，2013.

② 本章图片全部由作者绘制或拍摄.

附 录　图 表 来 源

图表编号	图表名称	图片来源
表1-1	三大区域公厕调研概况	作者绘制
表1-2	市民对公共厕所的满意程度	作者绘制
表1-3	市民对公共厕所内部设备需要程度	作者绘制
表1-4	厕所照明情况	作者绘制
表1-5	厕所标识情况	作者绘制
表1-6	厕所通风情况	作者绘制
表1-7	上公共厕所需时间情况	作者绘制
表1-8	公共厕所排队情况	作者绘制
表2-1	独立式城市公共厕所	作者绘制
表3-1	城市公共厕所设置间距指标	环境卫生设置标准(CJJ 27—2012)
表4-1	公共厕所整洁卫生检查表	吴忠宏、曾维德《中国台湾友善公共厕所规划设计理念——以主题乐园为例》
表4-2	男女厕所日本、中国台湾上厕所小便时间比	中国台湾交通观光部门·旅游景区人性化公厕设计规范
表4-3	厕所便器设置比例——依游客人数规划	中国台湾交通观光部门·旅游景区人性化公厕设计规范
表4-4	卫生设备数量表	中国台湾交通观光部门·旅游景区人性化公厕设计规范
表5-1	学龄前各阶段儿童所需的卫生洁具需求明细	作者绘制
表5-2	特殊人群卫生洁具需求明细	作者绘制
表6-1	主要功能设施表	作者绘制
表6-2	辅助功能设施表	作者绘制

图表编号	图表名称	图片来源
表6-3	家属陪护卫生设施需求明细	作者绘制
表8-1	60后出租车司机访谈表	作者绘制
表8-2	70后快递员访谈表	作者绘制
表8-3	80后企业员工访谈表	作者绘制
表8-4	90后在校大学生访谈表	作者绘制
表9-1	韩国设计特性（Korean design Identity）关键词翻译	思凡（德国）、郑义澈（韩国）、张完硕（韩国）《探索韩国（设计）特性的二分法》
图2-1	第一类公共厕所平面图（单位：mm）	城市独立式公共厕所图集(07J920)
图2-2	第二类公共厕所平面图（单位：mm）	城市独立式公共厕所图集(07J920)
图2-3	第三类公共厕所平面图（单位：mm）	城市独立式公共厕所图集(07J920)
图2-4	蛋壳公共厕所1	作者、牛文豪、龙天、王志鹏绘制
图2-5	蛋壳公共厕所2	作者、牛文豪、龙天、王志鹏绘制
图2-6	蛋壳公共厕所平面图（单位：mm）	作者、牛文豪、龙天、王志鹏绘制
图2-7	蛋壳公共厕所剖面图1（单位：mm）	作者、牛文豪、龙天、王志鹏绘制
图2-8	蛋壳公共厕所剖面图2（单位：mm）	作者、牛文豪、龙天、王志鹏绘制
图2-9	蛋壳公共厕所外立面图（单位：mm）	作者、牛文豪、龙天、王志鹏绘制
图2-10	卷纸公共厕所1	作者绘制
图2-11	卷纸公共厕所2	作者绘制
图2-12	a卷纸公共厕所外观正立面图（单位：mm） b卷纸公共厕所平面图（单位：mm）	作者绘制
图2-13	树叶公共厕所	设计：耿立德
图2-14	树叶公共厕所平面图（单位：mm）	设计：耿立德
图2-15	3D打印公共厕所	上海华杰环境设备制造公司
图2-16	3D打印公共厕所外观三视图（单位：mm）	上海华杰环境设备制造公司
图2-17	公交车站公共厕所	设计：腾起、董赋

图表编号	图表名称	图片来源
图2-18	公交车站公共厕所平面图（单位：mm）	设计：腾起、董赋
图2-19	公交车站公共厕所剖面图（单位：mm）	设计：腾起、董赋
图2-20	亭式公共厕所	设计：魏维、龙慧燕、谢潇潇、史婧雯
图2-21	亭式公共厕所立面图（单位：mm）	设计：魏维、龙慧燕、谢潇潇、史婧雯
图2-22	"森之厕"公共厕所	设计：黄德智
图2-23	"森之厕"公共厕所平面图（单位：mm）	设计：黄德智
图2-24	魔方公共厕所（单位：mm）	设计：周玮、黎肖仪
图2-25	魔方厕所立面图（单位：mm）	设计：周玮、黎肖仪
图2-26	魔方厕所平面图（单位：mm）	设计：周玮、黎肖仪
图2-27	书籍公共厕所	作者绘制
图2-28	书籍公共厕所平面图（单位：mm）	作者绘制
图2-29	书籍公共厕所外观三视图（单位：mm）	作者绘制
图2-30	手风琴公共厕所	作者、作者学生绘制
图2-31	手风琴公共厕所立面图（单位：mm）	作者、作者学生绘制
图2-32	手风琴公共厕所平面布置图（单位：mm）	作者、作者学生绘制
图2-33	白色围墙公厕	设计：候亚军
图2-34	白色围墙公厕立面图（单位：mm）	设计：候亚军
图2-35	白色围墙公厕平面图（单位：mm）	设计：候亚军
图2-36	飘香公共厕所	设计：李军、曹雨辰、王莹
图2-37	飘香公共厕所平面图（单位：mm）	设计：李军、曹雨辰、王莹
图2-38	"简变"公共厕所	设计：周玮、蔡楚纯、邓景成
图2-39	"简变"公共厕所平面布置图	设计：周玮、蔡楚纯、邓景成
图2-40	"简变"公共厕所三视图（单位：mm）	设计：周玮、蔡楚纯、邓景成
图2-41	路边取景器	设计：叶燎原，指导教师：彭小松、郭子怡

图表编号	图表名称	图片来源
图2-42	山水间	设计：莫子华，指导老师：齐奕、彭小松
图2-43	融·和	设计：黎家雄，指导老师：丁建华
图2-44	塔县的小厕	设计：李鼎宇、钟子超、沈科益，指导老师：成帅
图3-1	单柱式公厕路牌（单位：mm）	设计：高钰
图3-2	双柱式公厕路牌（单位：mm）	设计：高钰
图3-3	近距离公厕路牌（单位：mm）	设计：高钰
图3-4	海南公厕路牌（单位：m）	海南省工商行政管理局
图3-5	公共厕所常规标志	环境卫生设置标准(CJJ 27—2012)
图3-6	男卫生间常规标志	环境卫生设置标准(CJJ 27—2012)
图3-7	女卫生间常规标志	环境卫生设置标准(CJJ 27—2012)
图3-8	无障碍间常规标志	环境卫生设置标准(CJJ 27—2012)
图3-9	公共厕所艺术标志1	红动中国网
图3-10	公共厕所艺术标志2	红动中国网
图3-11	公共厕所艺术标志3	红动中国网
图3-12	公共厕所艺术标志4	红动中国网
图3-13	公共厕所艺术标志5	红动中国网
图3-14	公共厕所艺术标志6	红动中国网
图3-15	公共厕所艺术标志7	红动中国网
图3-16	"城市公厕云平台"APP界面1	城市公厕云平台
图3-17	"城市公厕云平台"APP界面2	城市公厕云平台
图3-18	"城市公厕云平台"APP前往公厕路线页面	城市公厕云平台
图3-19	"城市公厕云平台"APP"公厕详情"介绍页面	城市公厕云平台
图3-20	"城市公厕云平台"APP"共享公厕"信息页面	城市公厕云平台

图表编号	图表名称	图片来源
图3-21	"城市公厕云平台"APP"综合评分"、评论页面	城市公厕云平台
图3-22	"城市公厕云平台"APP公厕热点资讯页面	城市公厕云平台
图4-1	公共厕所系统架构	作者绘制
图4-2	多功能公共厕所功能分区图	作者绘制
图4-3	多功能城市公共厕所内部环境分解图	作者绘制
图4-4	共用厕所平面图（单位：mm）	设计：陈诗盛、赖昱儒
图4-5	共用厕所效果图	设计：陈诗盛、赖昱儒
图4-6	公共厕所分级标示图例	台北市政府环境保护局
图4-7	储物隔断	作者绘制
图4-8	储物柜	作者绘制
图4-9	储物架	作者绘制
图4-10	衣帽钩	作者绘制
图4-11	普通窗	作者绘制
图4-12	百叶窗	作者绘制
图4-13	单项窗	作者绘制
图4-14	天窗	作者绘制
图4-15	吸顶灯室内照明	作者绘制
图4-16	吸顶灯	作者绘制
图4-17	镜前灯室内照明	作者绘制
图4-18	镜前灯	作者绘制
图4-19	壁灯室内照明	作者绘制
图4-20	壁灯	作者绘制
图4-21	无障碍卫生间照明	作者绘制
图4-22	白炽灯和荧光灯	作者绘制
图4-23	低位强制排风设施	作者绘制

图表编号	图表名称	图片来源
图4-24	洗手间补风系统设施	作者绘制
图4-25	全屏蔽通道设计	公共厕所设计导则（RISN-TG004-2008）
图4-26	半屏蔽通道设计	公共厕所设计导则（RISN-TG004-2008）
图4-27	蹲位间屏蔽设计	作者绘制
图4-28	小便间屏蔽设计	作者绘制
图5-1	落地式小便器	作者拍摄
图5-2	落地式小便器三视图（单位：mm）	作者绘制
图5-3	悬挂式小便器	作者拍摄
图5-4	悬挂式小便器正立面图（单位：mm）	作者绘制
图5-5	槽沟式不锈钢小便池	作者拍摄
图5-6	槽沟式不锈钢小便池正立面图（单位：mm）	作者绘制
图5-7	Tendem节水小便池1	设计：Kaspars Jursons
图5-8	Tendem节水小便池2	设计：Kaspars Jursons
图5-9	分体蹲便器	作者拍摄
图5-10	蹲便器三视图（单位：mm）	作者绘制
图5-11	连体蹲便器	作者拍摄
图5-12	前挡水蹲便器	作者绘制
图5-13	蹲便器	作者拍摄
图5-14	蹲便器尺寸图（单位：mm）	作者绘制
图5-15	冲落式、虹吸式蹲便器分析图	作者绘制
图5-16	男女通用便池1	设计：Young Sang-Eun
图5-17	男女通用便池2	设计：Young Sang-Eu
图5-18	洗手池	作者绘制
图5-19	洗手池尺寸图（单位：mm）	作者绘制
图5-20	儿童卫生洁具实景图	作者拍摄

图表编号	图表名称	图片来源
图5-21	"小精灵"儿童小便池	作者、杨洲绘制
图5-22	"小精灵"儿童小便池外立面照片	作者、杨洲绘制
图5-23	"小精灵"儿童小便池外尺寸图（单位：mm）	作者、杨洲绘制
图5-24	"小熊"儿童坐便器外立面图	作者、杨洲绘制
图5-25	"小熊"儿童坐便器三视图（单位：mm）	作者、杨洲绘制
图5-26	"小象"儿童洗手池	作者绘制
图5-27	"小象"儿童洗手池三视图（单位：mm）	作者绘制
图5-28	婴幼儿安全椅1	作者、余勰绘制
图5-29	婴幼儿安全椅2	作者、余勰绘制
图5-30	婴幼儿安全椅3（单位：mm）	作者、余勰绘制
图5-31	无障碍小便池	作者、作者学生绘制
图5-32	无障碍小便池三视图（单位：mm）	作者、牛文豪绘制
图5-33	无障碍坐便器	作者、牛文豪绘制
图5-34	无障碍坐便器平面图（单位：mm）	作者、牛文豪绘制
图5-35	无障碍坐便器正视图（单位：mm）	作者、牛文豪绘制
图5-36	为老智能马桶组合1	设计：陈曦、赵黎畅、黄悦、李梦妍
图5-37	为老智能马桶组合2	设计：陈曦、赵黎畅、黄悦、李梦妍
图5-38	为老智能马桶组合3	设计：陈曦、赵黎畅、黄悦、李梦妍
图5-39	无障碍洗手池1	作者绘制
图5-40	无障碍洗手池2（单位：mm）	作者绘制
图5-41	无障碍洗手池、小便池1	作者、牛文豪绘制
图5-42	无障碍洗手池、小便池2（单位：mm）	作者、牛文豪绘制
图6-1	第三卫生间标志	文化与旅游部
图6-2	问题数据图	作者绘制
图6-3	大型第三卫生间平面图（单位：mm）	作者、王灿绘制

图表编号	图表名称	图片来源
图6-4	大型第三卫生间顶棚图（单位：mm）	作者、王灿绘制
图6-5	大型第三卫生间立面图1（单位：mm）	作者、王灿绘制
图6-6	大型第三卫生间立面图2（单位：mm）	作者、王灿绘制
图6-7	大型第三卫生间立面图3（单位：mm）	作者、王灿绘制
图6-8	大型第三卫生间立面图4（单位：mm）	作者、王灿绘制
图6-9	大型第三卫生间效果图	作者、王灿绘制
图6-10	中型第三卫生间平面图（单位：mm）	作者、王灿绘制
图6-11	中型第三卫生间顶棚图（单位：mm）	作者、王灿绘制
图6-12	中型第三卫生间立面图1（单位：mm）	作者、王灿绘制
图6-13	中型第三卫生间立面图2（单位：mm）	作者、王灿绘制
图6-14	中型第三卫生间立面图3（单位：mm）	作者、王灿绘制
图6-15	中型第三卫生间立面图4（单位：mm）	作者、王灿绘制
图6-16	中型第三卫生间效果图	作者、王灿绘制
图6-17	小型第三卫生间平面图（单位：mm）	作者、王灿绘制
图6-18	小型第三卫生间顶视图（单位：mm）	作者、王灿绘制
图6-19	小型第三卫生间立面图1（单位：mm）	作者、王灿绘制
图6-20	小型第三卫生间立面图2（单位：mm）	作者、王灿绘制
图6-21	小型第三卫生间立面图3（单位：mm）	作者、王灿绘制
图6-22	小型第三卫生间立面图4（单位：mm）	作者、王灿绘制
图6-23	小型第三卫生间效果图	作者、王灿绘制
图6-24	辅助卫生设施实景	作者拍摄
图7-1	公共厕所生态设计构架图	作者绘制
图7-2	绿巢公厕鸟瞰图	作者、胡辰宇、张傲、李小煜绘制
图7-3	绿巢公厕顶视图	作者、胡辰宇、张傲、李小煜绘制

图表编号	图表名称	图片来源
图7-4	绿巢公厕效果图	作者、胡辰宇、张傲、李小煜绘制
图7-5	绿巢公厕内部平面图（单位：mm）	作者、胡辰宇、张傲、李小煜绘制
图7-6	绿巢公厕生态分析图	作者、胡辰宇、张傲、李小煜绘制
图7-7	绿巢公厕系统构架图	作者、胡辰宇、张傲、李小煜绘制
图7-8	绿巢公厕内部鸟瞰图	作者、胡辰宇、张傲、李小煜绘制
图7-9	绿巢公厕洗手池效果图	作者、胡辰宇、张傲、李小煜绘制
图7-10	绿巢公厕女厕效果图	作者、胡辰宇、张傲、李小煜绘制
图7-11	绿巢公厕男厕效果图	作者、胡辰宇、张傲、李小煜绘制
图7-12	绿巢公厕蹲位间效果图	作者、胡辰宇、张傲、李小煜绘制
图7-13	绿巢公厕景观通道效果图	作者、胡辰宇、张傲、李小煜绘制
图7-14	绿巢公厕移动厕位效果图	作者、胡辰宇、张傲、李小煜绘制
图7-15	"斗笠"公厕效果图	设计：董赋、腾起、张鹏程
图7-16	"斗笠"公厕平面图（单位：mm）	设计：董赋、腾起、张鹏程
图7-17	"斗笠"公厕剖面图（单位：mm）	设计：董赋、腾起、张鹏程
图7-18	严寒旅游景区生态化厕所设计	设计：吉林省路克奔环保设备制造股份有限公司
图7-19	节水小便池	设计：Kaspars Jursons
图7-20	节水无障碍小便池	作者、王灿绘制
图7-21	房车移动厕所鸟瞰图	作者绘制
图7-22	房车移动厕所分解效果图	作者绘制
图7-23	房车移动厕所系统构架图	作者绘制
图7-24	房车移动厕所平面效果图、立面效果图	作者绘制
图7-25	房车移动厕所主车厢外立面效果图	作者绘制
图7-26	房车移动厕所车厢外观分析图	作者绘制
图7-27	房车移动厕所车厢内部分析图	作者绘制

图表编号	图表名称	图片来源
图7-28	房车移动厕所粪便收集车分析图	作者绘制
图7-29	房车移动厕所车厢水电分析图	作者绘制
图7-30	胶囊移动厕所效果图	作者、王灿绘制
图7-31	a胶囊移动厕所外立面图（单位：mm） b胶囊移动厕所平面图（单位：mm）	作者、祝玉帅绘制
图7-32	货车移动厕所效果图	设计：姚继韵、曾清泉、陈立奇
图7-33	货车移动厕所功能分析图	设计：姚继韵、曾清泉、陈立奇
图7-34	货车移动厕所解析图	设计：姚继韵、曾清泉、陈立奇
图7-35	货车移动厕所内部设施图	设计：姚继韵、曾清泉、陈立奇
图7-36	眼镜公厕效果图	作者绘制
图7-37	眼镜公厕平面图（单位：mm）	作者绘制
图7-38	诗画江南旅游公厕效果图	设计：浙江省诗画江南文化发展有限公司
图7-39	诗画江南旅游公厕平面图（单位：mm）	设计：浙江省诗画江南文化发展有限公司
图7-40	圆环公厕设计	设计：周思邑、王乃发
图8-1	用户性别、年龄数据分析	作者绘制
图8-2	用户学历、职业数据分析	作者绘制
图8-3	用户使用度、满意度数据分析	作者绘制
图8-4	用户期望度、建议产品改进度数据分析	作者绘制
图8-5	用户1	作者绘制
图8-6	用户2	作者绘制
图8-7	用户3	作者绘制
图8-8	用户4	作者绘制
图8-9	各单体公厕平面图（单位：mm）	作者绘制
图8-10	各单体公厕内部结构图	作者绘制

图表编号	图表名称	图片来源
图8-11	模块化组合平面图	作者绘制
图8-12	模块化组合鸟瞰图	作者绘制
图8-13	联排单体公厕效果图	作者绘制
图8-14	中型组合形式效果图	作者绘制
图8-15	男、女集装箱公厕效果图	老赫设计
图8-16	男、女集装箱公厕内部构图	老赫设计
图8-17	女集装箱公厕内部效果图	老赫设计
图8-18	男集装箱公厕内部效果图	老赫设计
图8-19	苏州太阳山国家森林公园3D打印公共厕所	作者拍摄
图8-20	苏州太阳山国家森林公园3D打印厕所入口	作者拍摄
图9-1	"卵"厕所1	韩联社
图9-2	"卵"厕所2	韩联社
图9-3	"卵"厕所主入口	韩联社
图9-4	"卵"厕所内部环境	韩联社
图9-5	"卵"厕所雪景图	韩联社
图9-6	"卵"厕所大门	韩联社
图9-7	"卵"厕所周边环境	韩联社
图9-8	厕所屋效果图	设计：Sim Jae-Duck
图9-9	厕所屋鸟瞰图	设计：Sim Jae-Duck
图9-10	厕所屋实景图	设计：Sim Jae-Duck
图9-11	化妆室标识牌	韩国国民大学许洪超拍摄
图9-12	男厕所标识牌	韩国国民大学许洪超拍摄
图9-13	洗手池	韩国国民大学许洪超拍摄
图9-14	化妆台	韩国国民大学许洪超拍摄

图表编号	图表名称	图片来源
图9-15	地铁站厕所	韩国国民大学许洪超拍摄
图9-16	婴儿护理台	韩国国民大学许洪超拍摄
图9-17	家庭厕所1	韩国国民大学许洪超拍摄
图9-18	家庭厕所2	韩国国民大学许洪超拍摄
图10-1	智能马桶垫圈	武汉理工大学张笛拍摄
图10-2	智能马桶圈内构	武汉理工大学张笛拍摄
图10-3	智能马桶控制板	武汉理工大学张笛拍摄
图10-4	智能马桶温水喷洗口	武汉理工大学张笛拍摄
图10-5	无障碍卫生间	武汉理工大学张笛拍摄
图10-6	音姬装置	武汉理工大学张笛拍摄
图10-7	婴幼儿座椅	武汉理工大学张笛拍摄
图10-8	卫生卷纸	武汉理工大学张笛拍摄
图10-9	座便器消毒剂	武汉理工大学张笛拍摄
图10-10	儿童换衣台	武汉理工大学张笛拍摄
图10-11	女性换衣台	武汉理工大学张笛拍摄
图10-12	卫生洁具说明书	武汉理工大学张笛拍摄
图10-13	无障碍厕所说明书	武汉理工大学张笛拍摄
图10-14	小便池说明书	武汉理工大学张笛拍摄
图10-15	厕所监视屏	武汉理工大学张笛拍摄
图10-16	液晶功能显示屏	武汉理工大学张笛拍摄
图10-17	液晶屏当前状况	武汉理工大学张笛拍摄
图10-18	厕所导向牌	作者绘制
图10-19	外墙柱标识	武汉理工大学张笛拍摄
图10-20	男厕所标识	武汉理工大学张笛拍摄

图表编号	图表名称	图片来源
图10-21	儿童厕所标识	武汉理工大学张笛拍摄
图10-22	无障碍洗手池	武汉理工大学张笛拍摄
图10-23	高速公路厕所内部环境	武汉理工大学张笛拍摄
图11-1	公共厕所大厅入口	作者拍摄
图11-2	自动售货亭	作者拍摄
图11-3	信息亭	作者拍摄
图11-4	高速公路公共厕所及周边环境平面图	作者绘制
图11-5	圣地亚哥海滩厕所外观设计	作者拍摄
图11-6	公共厕所视觉标识设计	作者拍摄
图11-7	梅西百货公共厕所平面布置	作者绘制
图11-8	梅西百货公共厕所洗手台	作者拍摄
图11-9	梅西百货公共厕所小便池	作者拍摄
图11-10	梅西百货坐便池	作者拍摄
图11-11	梅西百货无障碍厕所	作者拍摄
图11-12	梅西百货厕所内部走廊	作者拍摄
图11-13	环球影视中心厕所洗手台	作者拍摄
图11-14	环球影视中心小便池	作者拍摄
图11-15	环球影视中心内部走廊	作者拍摄
图11-16	环球影视中心坐便池	作者拍摄
图11-17	环球影视中心无障碍厕所	作者拍摄
图11-18	旧金山展览中心公共厕所入口	作者拍摄
图11-19	旧金山展览中心公共厕所洗手池	作者拍摄
图11-20	旧金山展览中心公共厕所自动手纸机	作者拍摄
图11-21	旧金山展览中心公共厕所外垃圾分类箱	作者拍摄

图表编号	图表名称	图片来源
图11-22	美式多功能厕所系统构架	作者绘制
图11-23	坐便器设计	作者拍摄
图11-24	洗手池设计	作者拍摄
图11-25	婴儿护理台设计	作者拍摄
图11-26	储物架设计	作者拍摄

参 考 文 献

参考书目

[1] 葛利德. 全方位城市设计——公共厕所［M］. 北京：机械工业出版社，2005.

[2] 冯萧伟，章益国，张东苏. 厕所文化漫论［M］. 上海：同济大学出版，2005.

[3] 中国建筑标准设计研究院. 国家建筑标准设计图集 城市独立式公共厕所 07J920［M］. 北京：中国计划出版社，2008.

[4] 建设部标准定额研究所. 公共厕所设计导则 RISN-TG004-2008［M］. 北京：中国建筑工业出版社，2008.

[5] 王志宏. 世界厕所设计大赛获奖方案图集［M］. 海口：南海出版公司，2011.

[6] 史蒂夫·谢克尔. 大师的建筑小品·户外厕所［M］. 北京：清华大学出版社，2011.

[7] 北京大学旅游研究与规划中心. 旅游规划与设计：旅游厕所［M］. 北京：中国建筑工业出版社，2015.

[8] 刘志明，王彦庆. 厕所革命［M］. 北京：中国社会科学出版社，2018.

[9] 王力. 厕所革命——"老剪报"继往开来话短长［M］. 北京：人民出版社，2018.

期刊杂志

[1] Dengchuan Cai, Manlai You, 1998. An ergonomic approach to public squatting-type toilet design. Applied Ergonomics, Vol. 29.

[2] Kazunori Hanyu, Hirohisa Kishino, Hidetoshi Yamashita, 2000. Linkage between recycling and consumption: a case of toilet paper in Japan. Resources Conservation and Recycling, Vol. 30.

[3] Dries Dekker, Sonja N Buzink, Johan F. M. Molenbroek, Renatede Bruin, 2007. Hand supports to assist toilet use among the elderly. Applied Ergonomics, Vol. 38.

[4] Waraporn Mamee, Nopadon Sahachaisaereeb, 2010. Public toilet design criteria for users with walking disability in conjunction of universal design paradigm. Procedia Social and Behavioral Sciences, Vol. 5.

[5] Kin Wai Michael Siu, M. M. Y. Wong, 2013. Promotion of a healthy public living environment: participatory design of public toilets with visually impaired persons. Public Health, Vol. 127.

[6] Samuel Piha, Juulia Räikkönen, 2017. When nature calls: The role of customer toilets in retail stores. Journal of Retailing and Consumer Services, Vol. 36.

[7] Shikun Cheng, Zifu Li, Sayed Mohammad Nazim Uddin, Heinz-Peter Mang, Xiaoqin Zhou, Jian Zhang, Lei Zheng, Lingling Zhanga, 2017. Toilet revolution in China. Journal of Environmental Management, Vol. 216.

[8] 林旭光. 城市公共厕所发展趋势的探讨［J］. 环境卫生工程，1995（4）：39-40.

[9] 王晓虹. 设计多功能现代化公厕的体会［J］. 北京建筑工程学院学报，1995（3）：37-42.

[10] 金磊. 现代城市公厕设计问题探讨［J］. 环境

保护，1996（12）：31-32.

[11] 张仙桥. 公厕问题与公厕革命［J］. 社会学研究，1996（5）：122-126.

[12] 李正刚. 公共卫生间设计如何体现以人为本［J］. 建筑知识，2003（3）：53-59.

[13] 王丽萍，杨彦峰. 云南省旅游厕所建设与管理研究［J］. 旅游论坛，2003（5）：38-40.

[14] 倪玉湛. 公共厕所双重属性的演变及其重要性浅析［J］. 山西建筑，2005（1）：10-11.

[15] 程雪松. 争论私密性——作为公共艺术的公共卫生间设计研究［J］. 建筑学报，2006（5）：64-66.

[16] 夏婕，曹玮. 公共厕所中的儿童卫生设施设计［J］. 建筑与文化，2008（12）：84-85.

[17] 张芮. 城市规划中的公共厕所问题［J］. 硅谷，2008（22）：87-88.

[18] 蒋求生，周姣. 生态环保厕所的智能语音系统设计［J］. 科技风，2008（23）：30.

[19] 杨一帆. 南昌市市中心公共厕所的建筑环境与服务质量［J］. 科技广场，2009（6）：82-83.

[20] 唐红，朱海平. 小建筑需精心打造——公共厕所设计钩沉［J］. 四川建筑科学研究，2009（5）：252-254.

[21] 任尚清，丁召. 智能化公厕控制系统方案概述［J］. 凯里学院学报，2009（6）：117-119.

[22] 徐静. 浅谈厕所文化与公厕设计［J］. 科技风，2010（2）：38.

[23] 叶颖. 浅谈大型公共建筑中的厕所设计［J］. 建筑知识，2010（S2）：1-6.

[24] 姚攀科，夏晨曦. 剪影——重庆龙头寺公园生态厕所设计［J］. 中外建筑，2010（11）：97-100.

[25] 俞锡弟，郭甜甜. 公共厕所设计要点分析［J］. 环境卫生工程，2012（4）：61-64.

[26] 俞晨泓. 浅谈厕所标志的视觉传达效应和文化［J］. 大众文艺，2012（22）：84.

[27] 戴洁，华晨. 城市公厕性别比例解析与调整［J］.

城乡建设，2013（7）：41-44.

[28] 李巧义. 关于国内旅游厕所研究综述［J］. 旅游纵览，2013（12）：21.

[29] 苏力博. 日本公共厕所"人性化"设计的完美体现［J］. 艺术与设计，2013（12）：89-91.

[30] 吴伯谦. 公共建筑卫生间通风系统设计方法探讨［J］. 暖通空调，2013（S1）：316-318.

[31] 常行，张景威. 郑州市城市立交下公共厕所设计探索［J］. 河南科技，2014（6）：167.

[32] 钱程. 融合都市文化与绿色科技的日本现代化公共厕所［J］. 城市管理与科技，2015（4）：82-84.

[33] 桂拉旦. 旅游厕所革命需遵循"五化"原则［J］. 旅游纵览，2015（5）：11-13.

[34] 马国亮. 我国旅游"厕所革命"的市场化道路建设——基于中德旅游景区厕所管理之比较［J］. 社会科学家，2015（10）：91-95.

[35] 程麟. 旅游城市公共厕所景观设计的经济价值和文化认同［J］. 社会科学家，2015（11）：82-86.

[36] 吴忠宏，曾维德. 台湾友善公共厕所规划设计理念——以主题乐园为例［J］. 旅游规划与设计，2015（12）：100-107.

[37] 王晓航. 新型城市可移动公共卫生间造型设计探讨［J］. 包装世界，2016（1）：86-89.

[38] 高钰. 公共厕所指路牌设计要点［J］. 环境卫生工程，2016（1）：61-64.

[39] 刘新，朱琳，夏南. 构建健康的公共卫生文化——生态型公共厕所系统创新设计研究［J］. 装饰，2016（3）：26-29.

[40] 陈晓敏，陈金瑾. 探析人性化在公共厕所设计中的重要性［J］. 现代装饰，2016（4）：84.

[41] 孙枫，汪德根，牛玉. 生态文明视角下旅游厕所建设影响因素与创新机制——基于游客满意度感知分析［J］. 地理科学进展，2016（6）：702-713.

[42] 李亚冬，孙金凤. 园林厕所设计的艺术形式分析

［J］．建材与装饰，2016（35）：101–102.

［43］孙枫，汪德根．中国旅游厕所建设现状与创新发展［J］．资源开发与市场，2016（9）：1115–1121.

［44］余召辉，陶倩倩，许碧君．我国城市公共厕所发展现状分析［J］．环境卫生工程，2017（1）：85–87.

［45］许春丽，宋华．北京西站地区公厕的人流分析［J］．环境卫生工程，2017（5）：51–53.

［46］郭安禧，郭英之，孙雪飞，徐薛艳，王纯阳．景区旅游厕所满意度的重要性和绩效性实证研究——以山东省4个5A级景区为例［J］．数学的实践与认识，2017（5）：72–82.

［47］易婷婷，黄晓瑜．旅游景区厕所设计优化与管理创新——基于广州三大景区的实地调查［J］．特区经济，2017（3）：34–38.

［48］杨钢．基于"以人为本"的公共厕所设计探微［J］．美与时代2017（8）：90–91.

［49］孙鑫，尤昊宇，黄志霄，王浩钰．人员密集场所公共卫生间厕位比例问题及对策研究［J］．安徽建筑．2017（4）：52–54.

［50］杨良就，黄晓忠，谢贝旭，莫冲，郭晓娟．基于源分离技术的比例可调环保厕所设计［J］．东莞理工学院学报，2017（5）：55–61.

［51］黄雪灵，郭蕾，芦钧涛，陈栅竹．共享厕所的设计概念及应用［J］．山西建筑，2017（12）：33–34.

［52］李春．风景区旅游厕所设计及实践研究——以南宁青秀山风景区旅游厕所为例［J］．价值工程，2017（33）：204–205.

［53］宋娟，代兰海．近30余年国内旅游厕所研究进展［J］．旅游研究，2018（1）：74–82.

［54］薛宇欣．商业综合体建筑中的无性别通用性卫生间［J］．中国房地产，2018（1）：64–68.

［55］许春丽，马家幸，张茜．城市公共厕所男女厕位比例的调研与分析［J］．环境卫生工程，2018（2）：83–86.

［56］张殿波．汽车客运站厕所设计探讨［J］．山西建筑，2018（15）：3–4.

［57］刘新，夏南．生态型公共厕所系统设计的理念、原则与实践［J］．生态经济，2018（6）：232–236.

［58］宋金成．关于我国公共厕所布局与管理对策研究［J］．环境与可持续发展，2018（4）：92–94.

学位论文

［1］吕小辉．"生活景观"视域下的城市公共空间研究［D］．西安建筑科技大学博士学位论文，2011.

［2］王昀．城市公共设施系统设计实践与研究［D］．中国美术学院博士学位论文，2014.

［3］王伯城．城市公共厕所建筑设计研究［D］．西安建筑科技大学硕士学位论文，2006.

［4］刘兰．汉正街系列研究之公共厕所［D］．华中科技大学硕士学位论文，2006.

［5］黄鹭红．城市次级街道公共厕所外部环境设计研究［D］．四川大学硕士学位论文，2006.

［6］苗岭．移动厕所设计中的普适性问题研究［D］．东华大学硕士学位论文，2006.

［7］倪玉湛．云南旅游厕所设计——策略与方法研究［D］．昆明理工大学硕士学位论文，2006.

［8］吴斌．风景名胜区公共厕所设计与研究［D］．南昌大学硕士学位论文，2007.

［9］王艳敏．基于易用性理论的城市公共厕所设计研究［D］．河北工业大学硕士学位论文，2007.

［10］唐先全．城市"舒适型"公共厕所设计与文化研究——从环境艺术角度看城市公共厕所设计［D］．东华大学硕士学位论文，2009.

［11］周晓嘉．景区公厕设计初探［D］．西安建筑科技大学硕士学位论文，2009.

［12］李婧婕．中国城市公厕相关问题研究［D］．华中科技大学硕士学位论文，2010.

［13］李埼．杭州市西湖风景名胜区旅游厕所规划设计

研究［D］．浙江大学硕士学位论文，2010.

［14］武秀娥．石家庄公共卫生间设计研究［D］．河北师范大学硕士学位论文，2010.

［15］黄秋霞．城市公共厕所及其景观设计研究——以昆明市为例［D］．昆明理工大学硕士学位论文，2011.

［16］李杨．首义文化园区新型移动环卫设施设计研究［D］．湖北工业大学硕士学位论文，2011.

［17］熊希．大学校园厕所设计的女性友好度分析及改善对策［D］．湖南大学硕士学位论文，2013.

［18］白恩宇．北京公共厕所建设与管理的研究［D］．天津大学硕士学位论文，2013.

［19］于春露．基于建筑现象学的城市公共卫生间设计研究［D］．中南大学硕士学位论文，2013.

［20］刘彤．人员密集型的大型公共建筑卫生间设计研究［D］．华南理工大学硕士学位论文，2013.

［21］戴洁．杭州市公共厕所中女性空间的合理设置与设计研究［D］．浙江大学硕士学位论文，2013.

［22］于春露．基于建筑现象学的城市公共卫生间设计研究［D］．中南大学硕士学位论文，2013.

［23］青梅．大型零售商业建筑中公共卫生间的设计策略研究——以西安市为例［D］．西安建筑科技大学硕士学位论文，2014.

［24］李蓉蓉．国内城市公共厕所设计现状与问题的研究［D］．四川师范大学硕士学位论文，2014.

［25］欧阳运滔．移动厕所内部优化设计研究［D］．西南交通大学硕士学位论文，2014.

［26］牛珊珊．城市临时性可移动厕所设计研究［D］．合肥工业大学硕士学位论文，2015.

［27］刘绍鹏．济南市城市公共厕所建设问题的探究［D］．山东大学硕士学位论文，2015.

［28］周俊黎．城市山地公园公共厕所规划设计研究——以重庆主城区为例［D］．西南大学硕士学位论文，2015.

［29］王光．风光互补型应急厕所的设计研究［D］．河北科技大学硕士学位论文，2015.

［30］李沅芳．融入地景的独立式公共卫生间设计研究［D］．湖南大学硕士学位论文，2015.

［31］田静．独立式公共厕所的热环境设计研究［D］．重庆大学硕士学位论文，2016.

［32］申田野．商业建筑综合体卫生间设计研究［D］．西安建筑科技大学硕士学位论文，2016.

［33］张琪．女性视角下公共卫生间设计与研究［D］．景德镇陶瓷大学硕士学位论文，2016.

［34］唐娇．长春市公共空间卫生设施设计研究［D］．吉林建筑大学硕士学位论文，2016.

［35］江璇．风景旅游区旅游厕所规划与设计研究［D］．西南交通大学硕士学位论文，2017.

［36］严锐锋．佛山房地产开发配建公厕设计初探［D］．华南理工大学硕士学位论文，2017.

［37］刘洋洋．基于通用设计的城市公共卫生间设计研究［D］．沈阳航空航天大学硕士学位论文，2018.

［38］王珺．航站楼公共卫生间设计策略研究［D］．西安建筑科技大学硕士学位论文，2018.

国家标准

［1］中华人民共和国住房和城乡建设部．城市公共厕所设计标准 CJJ 14—2016［S］．北京：中国建筑工业出版社，2016.

报纸文章

［1］郭京慧．北京厕所：让人们方便点离文明近一些［N］．光明日报，2006-05-16（12）.

［2］武汉市城市公共厕所管理办法［N］．长江日报，2010-07-06（03）.

［3］吴文彪，马竹君．小小公厕连着民生大计［N］．人民政协报，2012-12-01（02）.

［4］李金早．全社会行动起来、积极投身厕所革命［N］．中国旅游报，2015-07-20（01）.

［5］刘志强．补短板如厕不再难［N］．人民日报，2017-12-20（09）.

后 记

随着本书的正式出版，自己近些年的学术成果终于得到面世。在此感谢曾经在环境设计工作中给予我帮助、提携的前辈们：中央美术学院张绮曼教授，中国传媒大学张骏教授，武汉理工大学陈汗青教授、朱明健教授、郑建启教授、潘长学教授、周艳教授、吕杰锋教授、汤军教授、张苇教授，广东工业大学胡飞教授，湖北美术学院罗潘教授，湖北大学熊德彪教授，湖北工业大学梁邦正教授、胡雨霞教授、金勇教授、吴长才教授，原武汉市美术学校马丽老师、陈义老师，以及我的工作单位湖北商贸学院的各位领导及同事们、湖北商贸学院艺术与传媒学院的各位老师们。

感谢多年陪我进行城市公共厕所"设计疯"的历届学生们：牛文豪、龙天、王灿、祝玉帅、胡辰宇、李小煜、周宇恒、张傲、肖勇、雷昌胜、饶吉锐、郭兆贤、秦思奇、杨洲、余勰、黄迎凯、甄茵、刘梦婷、杨玲丽、刘淑敏、张雄略。当你们利用大学课余时间，和我一起努力创作各类城市公共厕所设计作品，并不断修改完善，最终取得各类设计竞赛成果奖，这样才构成了本书丰富的设计图纸内容。

感谢为本部书籍辛勤工作的编辑们：中国建筑工业出版社唐旭编辑、李成成编辑，高等教育出版社陈仁杰编辑。你们为本书的出版和推广做出了令人欣赏的贡献。

最后感谢我的父母与家人一路陪伴，只有你们的支持，我才能静心写作，奋笔疾书。

公共厕所是展现城市文明形象的窗口，愿本书的出版对城市公共厌所的设计及建造有所助益！

刘波

2019年1月